畜禽类症鉴别诊断及防治丛书

NIULEIZHENG
JIANBIE ZHENDUAN
JI FANGZHI

牛类症鉴别诊断及防治

韦光辉　苏红辽　魏刚才　主编

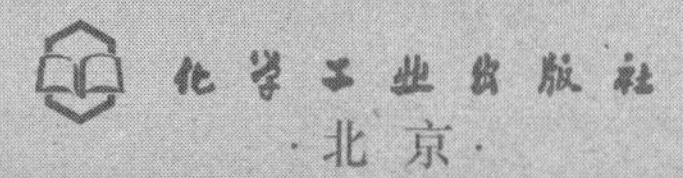
化学工业出版社
·北京·

图书在版编目（CIP）数据

牛类症鉴别诊断及防治/韦光辉，苏红辽，魏刚才主编. —北京：化学工业出版社，2018.1（2020.7重印）
（畜禽类症鉴别诊断及防治丛书）
ISBN 978-7-122-31045-3

Ⅰ.①牛… Ⅱ.①韦…②苏…③魏… Ⅲ.①牛病-诊疗②牛病-防治 Ⅳ.①S858.23

中国版本图书馆CIP数据核字（2017）第285333号

责任编辑：邵桂林　　文字编辑：孙凤英
责任校对：宋　夏　　装帧设计：张　辉

出版发行：化学工业出版社（北京市东城区青年湖南街13号　邮政编码100011）
印　　装：大厂聚鑫印刷有限责任公司
850mm×1168mm　1/32　印张8¾　字数168千字
2020年7月北京第1版第2次印刷

购书咨询：010-64518888　　售后服务：010-64518899
网　　址：http://www.cip.com.cn
凡购买本书，如有缺损质量问题，本社销售中心负责调换。

定　　价：36.00元

编写人员名单

主　　编　韦光辉　苏红辽　魏刚才

副 主 编　张　琳　张　智　计娅丽　张振宇

编写人员（按姓名笔画顺序排列）

韦光辉（河南科技学院）

计娅丽（新乡市动物卫生监督所）

闫佳鹏（温县动物卫生监督所）

苏红辽（滑县动物卫生监督所）

邹小娟（新乡市动物卫生监督所）

张　琳（新乡县农牧局）

张　智（新乡市畜产品质量检测检验中心）

张振宇（济源市畜产品质量检测检验中心）

张璐璐（信阳市动物疫病预防控制中心）

黄　岩（新乡市动物卫生监督所）

魏刚才（河南科技学院）

前言 FOREWORD

随着畜牧业的规模化、集约化发展，畜禽的生产性能越来越高，饲养密度越来越大，环境应激因素越来越多，导致疾病的种类增加，发生频率提高，发病数量增加，危害更加严重，直接制约着养牛业的稳定发展和养殖效益提高。牛的疾病根据其发病原因可以分为传染病、寄生虫病、营养代谢病、中毒病和其他疾病。其中有些疾病具有明显的各自特有症状，但有些病也具有某些与其他疾病类似的症状，这些类似症状常给临床诊断带来困难，直接影响牛场疾病的控制效果。所以，规模化牛场对饲养管理人员和兽医工作人员的观念、知识、能力和技术水平提出了更高的要求，不仅要求能够有效地防控疾病，真正落实“防重于治”“养防并重”的疾病控制原则，减少群体疾病的发生，而且要求能够细心观察，透过类似的症状找出其不同，及时确诊和治疗疾病，将疾病发生的危害降低到最小。为此，我们组织了长期从事牛生产、科研和疾病防治的有关专家编写了《牛类症鉴别诊断及防治》一书。

本书包括五章，重点介绍了 90 多种牛病的病因、临床症状、病理变化、防治措施，并特别在每种疾病中将有类似症状的疾病进行类症鉴别，列出其相似点和区别点，这就使读者比较容易作出正确的诊断并有效地采取防制措施。

本书密切结合我国养牛业实际，既注意疾病的综合防制，减少疾病发生，又突出疾病的类症鉴别，以便及时正确诊断疾病，减少疾病的危害。全书注重系统性、科学性、实用性，内容重点突出，通俗易懂，不仅适合牛场兽医工作者阅读，也适合饲养管理人员阅读，还可作为大专院校、农村函授及培训班的辅助教材和参考书。

由于水平有限，书中可能会有不妥之处，敬请广大读者批评指正。

编者

目录 CONTENTS

第一章　传染病的类症鉴别与防治

一、口蹄疫

口蹄疫是由口蹄疫病毒（FMDV）引起的一种急性、发热性、高度接触性的传染病。主要侵害偶蹄动物，偶见于人和其他动物。临床特征为口腔黏膜、蹄部和乳房皮肤形成水疱和溃烂。本病有强烈的传染性，一旦发生，传播极快，往往能造成大面积流行，带来严重经济损失。

【病原】口蹄疫病毒属于微小 RNA 病毒科的鼻病毒属，共有 7 个主要的抗原性血清型。每一类型又分若干亚型，各型之间的抗原性不同，不同型之间不能交叉免疫，但症状和病变基本一致。病毒广泛存在于病畜的组织中，特别是水疱及淋巴液中。本病毒对外界环境的抵抗力很强，当温度低于－20℃时，FMDV 十分稳定，可保存数年，在 4～7℃时也可存活数周，在 4℃、pH 为 7.0～7.6 时十分稳定，当 pH 小于 4 或大于 9 时，可被迅速灭活；紫外线（波长 256 纳米）可使 FMDV 迅速灭活；自然条件下，FMDV 多因高温及强烈的太阳辐射而失活。1%～2%的火碱液、3%～5%的福尔马林、0.2%～0.3%的过氧乙酸等消毒药液对本病毒有较好的消毒效果。

【流行病学】 口蹄疫主要侵害偶蹄动物，在家畜中以牛、猪最易感。各种年龄的牛均可感染，但犊牛的易感性和死亡率较高。病牛和带毒牛是本病的主要传染源，病毒随水疱液、水疱皮、乳汁、口涎、粪便、尿液以及呼出气、精液等向外散毒，凡是被病毒污染的车辆、水源、牧场、饲养用具、饲料、饲草、人员、空气及其他动物都是重要的传播媒介，通过呼吸道、消化道、生殖道、损伤的皮肤黏膜等直接接触传播。本病的发生没有严格的季节性，一般以秋末开始，冬季加剧，春季减轻，夏季平息。一经发生常呈现流行性和大流行，也可呈跳跃式的传播流行。新疫区发病率可达100%，老疫区发病率在50%以上。

【临床表现】 口蹄疫的潜伏期1～2天，病初体温升高至40～41℃，精神沉郁，食欲减少或废绝。口腔黏膜（舌、唇、齿龈、咽、腭）形成小水疱或糜烂。蹄冠、蹄叉、蹄踵等部出现局部发红、微热、敏感等症状，不久渐形成米粒大、蚕豆大的水疱，水疱破裂后表面溃疡出血，如无病菌感染，1周后痊愈。如继发感染，严重侵害蹄叶时，蹄壳脱落，患肢不能着地，常卧地不起。鼻镜、乳房也常可见到水疱破裂后形成的溃烂斑，如涉及乳腺可引起乳腺炎，泌乳量显著减少，甚至停乳。乳房上口蹄疫病变多见于奶牛，黄牛则较少发生。在某些情况下，还可见鼻唇镜肿胀、发红，并形成淡黄色痂皮；舌、齿龈及上颚可见破裂的水疱皮，糜烂处有淡黄色的

积聚物，口腔病变严重时还有流涎。本病一般取良性经过，约经1周即可痊愈，如果蹄部出现病变，病程可延长至2～3周或更长，死亡率一般不超过1%～3%。少数病牛，有时可突然恶化，表现全身虚弱，肌肉发抖，心跳加快，节律失调，反刍停止，食欲废绝，行走摇摆，站立不稳，因心脏麻痹而突然死亡。哺乳犊牛的口蹄疫，水疱症状不明显，主要表现为出血性肠炎和心肌炎，死亡率高达20%～50%。

口蹄疫病毒主要侵害上皮组织。病毒侵入易感动物体后，首先在侵入部位的上皮细胞内生长繁殖，引起浆液性渗出而形成原发性水疱，1～3天后经淋巴液侵入血流，引起动物体温升高。病毒随血液到达蹄部、乳房等处的皮肤，进入上皮细胞后继续增殖，并形成水泡，水疱破裂，体温下降，病毒从血液中消失。

口蹄疫病牛除口腔和蹄部的水疱和烂斑外，在咽喉、气管、支气管有时可见有圆形烂斑和溃疡，上有黑棕色痂皮覆盖。皱胃和小肠黏膜可见出血性炎症。另外，具有诊断意义的是心脏病变，心包液浑浊，心肌色泽较淡，质地松软。心肌切面有灰白色或淡黄色斑纹或斑点，好似老虎皮上的斑纹，故称“虎斑心”。

【实验室检查】采取水疱液或水疱皮进行实验室检查。

1. 小鼠接种试验

将病料用青霉素、链霉素处理后分别接种成年、2日龄和7～9日龄小鼠，如2日龄和7～9日龄小鼠都发病死亡，可诊断为口蹄疫，如仅2日龄小鼠发病死亡则为水疱病。

2. 血清保护试验

通常采用乳鼠作血清保护试验。可用已知血清鉴定未知病毒，也可用已知病毒鉴定未知血清。

3. 血清中和试验

采用乳鼠中和试验或细胞中和试验均可。此外，也可应用对流免疫电泳、反向间接血凝抑制试验、补体结合试验检测病毒或抗体，从而作出诊断。

【类症鉴别】

1. 口蹄疫与牛瘟的鉴别诊断

［**相似点**］口蹄疫与牛瘟均有传染性，体温升高（40～41℃），口有水泡，均有口腔黏膜糜烂、溃疡、损伤和流涎等临床表现。

［**不同点**］牛瘟的病原是牛瘟病毒。特征性病变是口腔初潮红，涎增加如丝状流出，不久黏膜表面出现灰色或灰白色粟粒大突起，初较坚硬，后变软，状如麸皮，小突起融合成一层均匀灰色或黄色假膜，附着疏松，极易脱落，假膜脱落后易出血，形成烂斑，烂斑边缘不规则，间或发展成为较深的溃疡。眼鼻也发炎，排粪便恶臭。牛口蹄疫流涎挂于口角，1～2天后唇内面、齿龈、舌面和颊部黏膜发生蚕豆大或核桃大的水疱，经1昼夜水疱破裂形成边缘整齐的红色烂斑，此时体温下降。眼鼻不发炎，不排恶臭粪便。

2. 口蹄疫与牛恶性卡他热的鉴别诊断

［**相似点**］口蹄疫与牛恶性卡他热均有传染性，体温升高（40～41℃），口腔黏膜出现糜烂、流涎。

［**不同点**］牛恶性卡他热的病原是恶性卡他病毒。牛

恶性卡他热除口腔黏膜有糜烂外，鼻黏膜、鼻也可发炎，还有全眼球炎、角膜浑浊，全身症状严重，死亡率高。牛口蹄疫在唇内面、齿龈、舌面和颊部黏膜发生蚕豆大或核桃大的水疱，经1昼夜水疱破裂形成边缘整齐的红色烂斑，此时体温下降。

3. 口蹄疫与传染性水疱性口炎的鉴别诊断

［**相似点**］口蹄疫与传染性水疱性口炎均有传染性，体温升高（40～41℃），口腔和蹄部有水泡、糜烂、溃疡、损伤以及流涎等临床表现。

［**不同点**］传染性水疱性口炎是由水疱性口炎病毒引起的。传染性水疱性口炎除感染偶蹄动物外，还能使马、驴感染。以夏季和初秋发生，多散发。1岁以下牛感染率低。病牛的舌、唇发生米粒大水疱，内有透明黄色液体，常融合为大水疱，经1～2天水疱破裂，露出鲜红烂斑，并有咂唇音，有的病牛乳头、蹄部也可能发生水疱，病程1～2周（但较少侵害蹄部和乳房）。牛口蹄疫流涎挂于口角，1～2天后唇内面、齿龈、舌面和颊部黏膜发生蚕豆大或核桃大的水疱，经1昼夜水疱破裂形成边缘整齐的红色烂斑，此时体温下降。1岁以下牛犊比成年牛易感。

4. 口蹄疫与牛痘的鉴别诊断

［**相似点**］口蹄疫与牛痘均有传染性，体温升高（40～41℃），乳房、乳头有水疱。

［**不同点**］牛痘病初发生丘疹，1～2天后形成水疱，内含透明液体，随后成熟，中央下凹呈脐状，不久形成脓疱，然后结痂。口蹄疫传播快，水疱中央没有凹陷，

口腔、蹄冠、趾间也有水疱、糜烂。

5. 口蹄疫与牛黏膜病的鉴别诊断

［**相似点**］口蹄疫与牛黏膜病均有传染性，体温升高（41～42℃），有口溃疡流涎以及蹄部糜烂、跛行等临床表现。

［**不同点**］牛病毒性腹泻（黏膜病）病毒为瘟病毒属的牛病毒性腹泻病毒。慢性型少有明显发热症状，鼻镜糜烂，口腔稍有糜烂，齿龈发红，眼有浆液分泌物，大多死于病后2～6个月。急性型厌食，精神沉郁，流浆性鼻液，2～3天内鼻镜、口腔黏膜糜烂，舌面上皮坏死，流涎增多且恶臭，通常死于病后1～2周，80％齿龈、上颚、舌面两侧和颊部黏膜有糜烂。口黏膜无明显的水疱过程，糜烂灶小而浅表，以腹泻为主要症状。牛口蹄疫流涎挂于口角，1～2天后唇内面、齿龈、舌面和颊部黏膜发生蚕豆大或核桃大的水疱，经1昼夜水疱破裂形成边缘整齐的红色烂斑，此时体温下降。

6. 口蹄疫与牛蓝舌病的鉴别诊断

［**相似点**］口蹄疫与牛蓝舌病均有传染性，体温升高（40℃），有口腔糜烂流涎、跛行等临床表现。

［**不同点**］牛蓝舌病的病原为病毒，舌、颊黏膜肿胀，舌呈蓝色，后舌发生溃疡，流涎，口臭。口黏膜不发生水疱，蹄部不发生水疱和糜烂。

7. 口蹄疫与口炎的鉴别诊断

［**相似点**］口蹄疫与口炎口腔均有水疱、溃疡、损伤和流涎等临床表现。

［**不同点**］口炎不具有传染性，口腔黏膜潮红、充

血、肿胀，严重的黏膜表层剥脱或发生大小不等的溃疡，溃疡面有白或微黄的纤维素。也有的黏膜起水疱，疱中有麦芒或麦芒扎于舌下和齿缝。有的上臼齿外侧或下臼齿内侧缘特别尖锐，损伤颊部黏膜或舌边缘，导致黏膜肿胀溃烂，有恶臭，曾见下臼齿脱落处的齿龈长一鸡蛋大肿瘤。流涎，蹄部不出现水疱和糜烂。口蹄疫具有传染性，在蹄部、乳房皮肤也出现水疱及溃疡面，有时在咽喉、气管、支气管和前胃黏膜上也可见到圆形烂斑和溃疡，上有黑棕色痂皮覆盖。跛行。

8. 口蹄疫与牛青杠树叶中毒的鉴别诊断

［**相似点**］口蹄疫与牛青杠树叶中毒口腔均有溃疡。

［**不同点**］牛青杠树叶中毒是由于牛采食牛青杠树叶引起的一种中毒病，口腔黏膜出现溃疡，溃疡面有黄豆至蚕豆大。口蹄疫有传染性，在蹄部、乳房皮肤也出现水疱及溃疡面。

9. 口蹄疫与牛钩端螺旋体的鉴别诊断

［**相似点**］口蹄疫与牛钩端螺旋体均有口腔黏膜溃疡。

［**不同点**］牛钩端螺旋体是由钩端螺旋体引起的，口腔黏膜有溃疡。口蹄疫有传染性，在蹄部、乳房皮肤也出现水疱及溃疡面。

10. 口蹄疫与牛舌损伤的鉴别诊断

［**相似点**］口蹄疫与牛舌损伤均有流涎。

［**不同点**］牛舌损伤无传染性，开口可见舌表面有创伤，并可见有异物，致舌损伤或断裂，初期还可见流血，并见有半断裂的舌尖露于嘴外。口蹄疫有传染性，在蹄部、乳房皮肤也出现水疱及溃疡面。

11. 口蹄疫与牛狂犬病的鉴别诊断

［**相似点**］口蹄疫与牛狂犬病均有传染性，体温高（40～41℃），食欲、反刍减少或废绝，大量流涎。

［**不同点**］牛狂犬病的病原是狂犬病毒，不形成大流行。病牛表现口腔无异常，吞咽困难，口流涎持续不断，持续哞叫不断，直至叫声嘶哑也不停止，有视觉障碍。口蹄疫在蹄部、乳房皮肤也出现水疱及溃疡面。舌、齿龈及上颚可见破裂的水疱皮，糜烂处有淡黄色的积聚物。

12. 口蹄疫与牛咽炎的鉴别诊断

［**相似点**］口蹄疫与牛咽炎均有流涎。

［**不同点**］牛咽炎无传染性，发病时头颈伸直，不愿低头，口流涎。食物咀嚼后表现吞咽困难或不能咽下（曾见一牛连吃几口草后头颈伸直，开口检查发现舌根咽部积有很多草，将草取出后才发现咽峡肿胀发硬），病重时绝食，有时鼻流黏液，大口喝水时水从鼻孔流出。按压咽部敏感疼痛。

13. 口蹄疫与牛腮腺炎的鉴别诊断

［**相似点**］口蹄疫与牛腮腺炎均有流涎。

［**不同点**］牛腮腺炎若一侧发炎，患侧局部肿胀有热痛，食欲减退或废绝，反刍减少或停止。若两侧发炎，则两侧均肿胀有热痛，并发生吞咽和呼吸困难，呼吸时有鼾声。流涎，如已化脓，触诊有波动，如局部皮肤穿孔流出脓液，在牛吃草和反刍时自孔中流出唾液。

14. 口蹄疫与牛菜籽饼中毒（感光过敏型）的鉴别诊断

［**相似点**］口蹄疫与牛菜籽饼中毒（感光过敏型）均有体表损伤等表现。

［不同点］菜籽饼中毒（感光过敏型）无传染性，面、背、体侧在日光照射下，呈现红斑、渗出物及类湿疹样损伤和感染。口蹄疫传播速度快，口腔、蹄部有水疱和糜烂，流涎。

【防制】

1. 预防措施

加强饲养管理，饲料或饮水中添加黄芪多糖可溶性粉，增强牛群的抗病毒感染能力。对受威胁区的易感牛进行紧急预防接种，可选用牛O型口蹄疫灭活疫苗，成年牛3毫升/头，1岁以下的牛2毫升/头，肌内注射，注射疫苗后第10天产生免疫力，免疫期达6个月，保护率达90%以上。发现本病后，应迅速报告疫情，划定疫点、疫区，及时严格封锁。对病畜舍及受污染的场所、用具等每天应以3%火碱、0.5%过氧乙酸等进行消毒。在最后一头病牛痊愈或屠宰后14天内，未再出现新的病例，经大消毒后可解除封锁。

2. 发病后措施

牛发生口蹄疫后，一般经过7天左右多能自愈，为了缩短病程，防止继发感染和死亡，应在严格隔离的条件下，及时对病牛进行支持治疗。

处方1：①局部以3%硼酸水、食醋或0.1%高锰酸钾溶液洗漱患部，口腔和乳房以碘甘油或冰硼散涂布，定时挤奶以防发生乳腺炎；蹄部擦干后，以鱼石脂软膏涂布。②病牛以板蓝根注射液20～30毫升/(次·头)，肌内注射，2次/天，可获较好效果。

处方2：①局部以3%硼酸水或0.1%高锰酸钾溶液洗漱患

部，口腔和乳房以碘甘油涂布，定时挤奶以防发生乳腺炎；蹄部擦干后，以鱼石脂软膏涂布。②病牛以高免血清 1.5～2 毫升/千克体重，肌内注射，1 次/天，连用 3 天，病初使用高免血清治疗效果较好，但价格较高。③口服结晶樟脑粉，3～5 克/(头·次)，2 次/天，效果良好。

处方 3：①局部治疗同处方 1。②全群以中药贯众散（贯众 20 克、木通 15 克、桔梗 12 克、赤药 12 克、生地 7 克、花粉 10 克、连壳 15 克、大黄 12 克、丹皮 10 克、甘草 10 克）4～6 千克，拌料 1000 千克，全群喂给，连用 3～5 天。③1% 黄芪多糖注射液 0.2 毫升/(千克体重·次)，肌内注射，1 次/天，连用 3～5 天。

二、传染性水疱性口炎

传染性水疱性口炎是由水疱性口炎病毒（VSV）引起的一种急性热性传染病，发生于马、牛、猪和鹿，人亦有易感性。发病动物以口腔黏膜、舌、唇、乳头和蹄冠部上皮发生水疱，流泡沫样口涎为特征。人和鹿感染后多呈隐性或短期发热。

【病原】 水疱性口炎病毒为弹状病毒科水疱病毒属的成员，病毒粒子为子弹状或圆柱状，长度约为直径的 3 倍。有囊膜。病毒内部为紧密盘旋的螺旋对称的核衣壳。弹状病毒的 RNA 无感染性，病毒的核衣壳具有感染性。病毒呈嗜上皮性，进入动物体后，首先在上皮组织细胞的胞浆内生长繁殖，导致细胞变性坏死发生水疱。48 小时后进入血流，形成病毒血症，病畜体温上升。水疱增大，水疱液的含毒量增加，病毒很快从血液中消失，体温下降。水疱性口炎病毒对可见光、紫外线、脂溶剂

（氯仿、乙醚）和酸敏感。不耐热，58℃经30分钟死亡；直射阳光下很快死亡。在pH4～10之间表现稳定。对化学药品的抵抗力较口蹄疫病毒强，2%氢氧化钠（钾）或1%甲醛于数分钟内可杀死病毒，0.1%氯化汞或1%石炭酸则需6个小时以上才能将其灭活。0.05%结晶紫可以使其失去感染性。

【流行病学】 在自然情况下，以牛、马、猪和猴较为易感，绵牛、山牛、犬和兔一般不易得病。水疱性口炎常呈地方性，一般呈点状散发，在一些疫区内连年发生，发病率为1.7%～7.7%，病死者极少。病的发生具有明显的季节性，多见于夏季及秋初，而秋末则趋平息。

【临床病学】 牛患病时，体温升高达40～41℃，精神沉郁，食欲减退，反刍减少，大量饮水，鼻唇镜、口腔黏膜干燥，耳根发热，在舌面、唇部黏膜上出现米粒大水疱，小水疱逐渐融合成大水疱，内含透明黄色液体，1～2天后，水疱破裂，疱皮脱落后，则遗留浅而边缘不齐的鲜红色烂斑，与此同时，病牛大量流出清亮的黏稠唾液，呈垂缕状，并发出咂嘴音，采食困难，表现采食时痛苦。若蹄部发生溃疡时，病灶扩大，重者可致蹄壳脱落，露出鲜红色出血面，乳头也可发生水疱。一般病程1～2周，转归良好，极少发生死亡。本病发病快，病程短促，除口腔及蹄部的变化外，其他部位很少有病变。

【实验室检查】 采集水疱皮、水疱液等作为病料，也可采集急性期和恢复期血液，分离血清用于血清学试验。

1. 病原学检查

（1）电镜检查　由于水疱性口炎病毒具有特殊的形

态学特征，而且在水疱液和水疱皮中含量高，电镜检查具有确诊意义。也可用感染鸡胚的材料制片镜检。

（2）分离培养　病料接种 7～13 日龄鸡胚，一般经绒毛尿囊膜或尿囊腔途径接种，37℃孵育 3～4 天，鸡胚可在 24～48 小时死亡。也可接种于猪肾细胞和鸡胚成纤维细胞，可产生细胞病变。

2. 血清学试验

用于水疱性口炎诊断的血清学方法有补体结合试验、中和试验、酶联免疫吸附试验等。

【类症鉴别】 注意与口蹄疫等进行鉴别。

1. 传染性水疱性口炎与口蹄疫的鉴别诊断

［**相似点**］传染性水疱性口炎与口蹄疫均有传染性，体温高，舌、唇、乳头有水疱，食欲减退，流涎。

［**不同点**］口蹄疫是由口蹄疫病毒引起的，传播速度快。病牛流涎挂于口角，1～2 天后唇内面、齿龈、舌面和颊部黏膜发生蚕豆大或核桃大的水疱，经 1 昼夜水疱破裂形成边缘整齐的红色烂斑，此时体温下降。传染性水疱性口炎除感染偶蹄动物外，还能使马、驴感染。以夏季和初秋发生，流行范围小。较少侵害蹄部和乳房。不发生蹄叶炎。

2. 传染性水疱性口炎与牛瘟的鉴别诊断

［**相似点**］传染性水疱性口炎与牛瘟均有口有水泡、糜烂、溃疡、损伤和流涎等临床表现。

［**不同点**］牛瘟的病原是牛瘟病毒。特征性病变是口腔初潮红，涎增加如丝状流出，不久黏膜表面出现灰色或灰白色粟粒大突起，初较坚硬，后变软，状如麸皮，

小突起融合成一层均匀灰色或黄色假膜，附着疏松，极易脱落，假膜脱落后易出血，形成烂斑，烂斑边缘不规则，间或发展成为较深的溃疡。传染性水疱性口炎除感染偶蹄动物外，还能使马、驴感染。病牛的舌、唇发生米粒大水疱，内有透明黄色液体，常融合为大水疱，经1～2天水疱破裂，露出鲜红烂斑，并有咂唇音，有的病牛乳头、蹄部也可能发生水疱，病程1～2周。

3. 传染性水疱性口炎与牛恶性卡他热的鉴别诊断

［**相似点**］口蹄疫与牛恶性卡他热均有传染性，体温升高（41～42℃）。

［**不同点**］牛恶性卡他热病原是牛恶性卡他病毒，散发。牛恶性卡他热除口腔黏膜有糜烂外，口鼻流黏液垂如线可及地面，涎臭。还有全眼球炎、角膜浑浊，头肿大，拉稀恶臭，死亡率高。传染性水疱性口炎除感染偶蹄动物外，还能使马、驴感染。病牛的舌、唇发生米粒大水疱。

4. 传染性水疱性口炎与牛痘的鉴别诊断

［**相似点**］传染性水疱性口炎与牛痘口腔均有水疱、糜烂、溃疡、损伤和流涎等临床表现。

［**不同点**］牛痘病初发生丘疹，1～2天后形成水疱，内含透明液体，随后成熟，中央下凹呈脐状，不久形成脓疱，然后结痂。传染性水疱性口炎病牛的舌、唇发生米粒大水疱，其他部位很少发生。

5. 传染性水疱性口炎与牛黏膜病的鉴别诊断

［**相似点**］传染性水疱性口炎与牛黏膜病均有水泡、糜烂、溃疡、损伤和流涎等临床表现。

［**不同点**］牛病毒性腹泻（黏膜病）病毒为瘟病毒属的牛病毒性腹泻病毒。慢性型少有明显发热症状，鼻镜糜烂，口腔稍有糜烂，齿龈发红，眼有浆液分泌物，大多死于病后2～6个月。急性型厌食，精神沉郁，流浆性鼻液，2～3天内鼻镜、口腔黏膜糜烂，舌面上皮坏死，流涎增多且恶臭，通常死于病后1～2周，80%齿龈、上颚、舌面两侧和颊部黏膜有糜烂。口黏膜无明显的水疱过程，糜烂灶小而浅表，以腹泻为主要症状。传染性水疱性口炎除感染偶蹄动物外，还能使马、驴感染。病牛的舌、唇发生米粒大水疱，内有透明黄色液体，常融合为大水疱，经1～2天水疱破裂，露出鲜红烂斑，并有咂唇音，有的病牛乳头、蹄部也可能发生水疱，病程1～2周。

6. 传染性水疱性口炎与牛蓝舌病的鉴别诊断

［**相似点**］传染性水疱性口炎与牛蓝舌病均有水泡、糜烂、溃疡、损伤和流涎等临床表现。

［**不同点**］牛蓝舌病的病原为蓝舌病病毒，舌、颊黏膜肿胀，舌呈蓝色，后舌发生溃疡，流涎，口臭。传染性水疱性口炎病牛的舌、唇发生米粒大水疱，内有透明黄色液体，常融合为大水疱，经1～2天水疱破裂，露出鲜红烂斑。

7. 传染性水疱性口炎与口炎的鉴别诊断

［**相似点**］传染性水疱性口炎与口炎口腔均有水疱、溃疡、损伤和流涎等临床表现。

［**不同点**］口炎不具有传染性，口腔黏膜潮红、充血、肿胀，严重的黏膜表层剥脱或发生大小不等的溃疡，溃疡面有白或微黄的纤维素。也有的黏膜起水疱，疱中

有麦芒或麦芒扎于舌下和齿缝。有的上臼齿外侧或下臼齿内侧缘特别尖锐，损伤颊部黏膜或舌边缘，导致黏膜肿胀溃烂，有恶臭。曾见下臼齿脱落处的齿龈长一鸡蛋大肿瘤。流涎。传染性水疱性口炎具有传染性，病牛的舌、唇发生米粒大水疱，内有透明黄色液体，常融合为大水疱，经1～2天水疱破裂，露出鲜红烂斑，并有咂唇音，有的病牛乳头、蹄部也可能发生水疱，病程1～2周。

【防制】

1. 预防措施

平时注重环境消毒和设备、用具消毒。对病畜舍及受污染的场所、用具等每天应以2%火碱、1%福尔马林等进行消毒。加强饲养管理，饲料或饮水中添加黄芪多糖可溶性粉，增强牛群的抗病毒感染能力。

2. 发病后措施

本病病情一般不是很严重，加强护理即可很快痊愈。

处方1：①口腔以3%硼酸水、食醋洗漱，涂以碘甘油或撒布冰硼散，1～2次/天，连续3～5天。②蹄部以3%硼酸水洗涤干净，用脱脂棉擦干后，以鱼石脂软膏涂布，1次/天，连续3～5天。③氯唑西林钠粉针10毫克/千克体重、柴胡注射液20～30毫升，肌内注射，2次/天，连续3～5天。

处方2：①以3%硼酸水、食醋洗漱患部，口腔以碘甘油或青黛散涂布，定时挤奶以防发生乳房炎；蹄部擦干后，以鱼石脂软膏涂布。②全群以泻心散（黄连30克、黄芩60克、黄柏60克、大黄50克）150克/头，拌料混饲，1次/天，连用3～5天。

三、牛痘

牛痘是由痘病毒引起的牛的一种接触性传染病。临床上以乳房部皮肤出现痘疹、水疱、脓疱和结痂等为特征。

【病原】牛痘病毒属于痘病毒科正痘病毒属的牛痘病毒和痘苗病毒。有囊膜，为双股DNA病毒。病毒主要存在于病牛的痘浆和痘痂中，在被侵害的上皮细胞浆中可形成嗜酸性包涵体。病毒对干燥和低温有很强的抵抗力，但对直射日光、温度和常用的消毒剂都很敏感，0.5%福尔马林、0.01%碘溶液、3%石炭酸在数分钟内可使此病毒失去感染力。

【流行病学】病毒能感染多种动物，但多发于奶牛，传染源是病牛。一般通过挤奶工人和挤奶机而传播。人受感染是由于接触病牛乳房病变而发生的，人到人的传播非常罕见。饲养管理不善、牛舍环境卫生差可促使本病发生。本病发病快、传播快，但死亡率低，一般呈良性经过。痊愈后的牛可获得终生免疫。

【临床症状和病理变化】潜伏期一般为4～8天。病初体温升高，精神迟钝，食欲不振，反刍停止，挤奶时乳房和乳头敏感，不久在乳房和乳头（公牛在睾丸皮肤）上出现红色丘疹，1～2天后形成豌豆大小的圆形或卵圆形水疱，水疱上有一凹陷，内含透明液体，逐渐转为脓疱，直径约1厘米，脓疱中央凹陷呈脐状，最后干涸成棕黄色痂块，10～15天痊愈。若病毒侵入乳腺，可引起乳腺炎。只要牛群中有牛痘病毒存在，饲养管理人员就可能发生痘疹，痘疹常发生在手、臂甚至脸部，通常可自愈。

【病理组织检查】痘变部皮肤的组织学切片镜检，可见有包涵体。

【类症鉴别】 注意与伪牛瘟和溃疡性乳头炎鉴别。

1. 牛痘与口蹄疫的鉴别诊断

［**相似点**］牛痘与口蹄疫均有体温升高，精神迟钝，食欲不振，皮肤出现水疱、糜烂、溃疡等临床表现。

［**不同点**］牛口蹄疫口腔黏膜（舌、唇、齿龈、咽、腭）形成小水疱或糜烂。蹄冠、蹄叉、蹄踵等部出现局部发红、微热、敏感等症状，不久渐形成米粒大、蚕豆大的水疱，水疱破裂后表面溃疡出血。流涎挂于口角，1～2天后唇内面、齿龈、舌面和颊部黏膜发生蚕豆大或核桃大的水疱，经1昼夜水疱破裂形成边缘整齐的红色烂斑。牛痘只在乳房部皮肤出现痘疹、水疱、脓疱和结痂等特征，病初发生丘疹，1～2天后形成水疱，内含透明液体，随后成熟，中央下凹呈脐状，不久形成脓疱，然后结痂。

2. 牛痘与伪牛瘟（小反刍兽疫病）的鉴别诊断

［**相似点**］牛痘与伪牛瘟（小反刍兽疫病）均有精神沉郁，食欲减退，被毛无光，鼻镜干燥以及乳房皮肤坏死等症状。

［**不同点**］伪牛瘟病原是小反刍兽疫病毒，以突然发热、眼鼻排出分泌物、口腔溃疡、呼吸失调、咳嗽、恶臭的腹泻和死亡为特征。牛痘只在乳房部皮肤出现痘疹、水疱、脓疱和结痂等特征。

3. 牛痘与溃疡性乳头炎的鉴别诊断

［**相似点**］牛痘与溃疡性乳头炎均有乳房出现红斑的临床表现。

［**不同点**］溃疡性乳头炎的病原是疱疹病毒。乳头皮肤呈现红点后变为红斑，继而形成水泡，水泡破溃后变

为结痂，后期皮肤发生皲裂，痂皮变为黑色，脱落而见到发炎的真皮。病变不仅在1个乳头而在几个乳头都可见到，多数扩散到乳房并发生乳腺炎，肿胀硬痛不排乳和淋巴结炎。牛痘乳房部皮肤出现痘疹、水疱、脓疱和结痂等特征，病初发生丘疹，1～2天后形成水疱，内含透明液体，随后成熟，中央下凹呈脐状，不久形成脓疱，然后结痂。

【防制】

1. 预防措施

奶牛场调入或调出奶牛时应逐头进行检疫，如发现病奶牛，应就地处理，不能调入或调出。奶牛场饲养管理人员要随时加强个人防护，挤奶前对奶牛乳房和个人手臂以0.5%聚维酮碘进行消毒。发病时可以2%戊二醛溶液、3%石炭酸或0.5%聚维酮碘等对场区、牛舍和饲养工具进行消毒，消毒前应认真打扫、冲洗，干燥后再进行消毒。

2. 发病后措施

处方1：①以1%聚维酮碘洗涤乳房，定时挤奶以防发生乳腺炎。②氯唑西林钠粉针10毫克/千克体重、柴胡注射液20～30毫升，肌内注射，2次/天，连续3～5天。③刺破乳房和公牛睾丸上的水疱或脓疱，排出水疱液或脓液，以0.5%聚维酮碘洗涤，然后涂抹碘甘油。

处方2：①以1%聚维酮碘洗涤乳房，定时挤奶以防发生乳腺炎。②全群以五味消毒散150克/(头·次)，拌料混饲，1次/天，连用3～5天。③注射用氨苄西林钠1克、0.25%盐酸普鲁卡因20～40毫升，多点环绕乳腺基部皮下注射，1次/天，连用2～3次，对继发乳腺炎有很好疗效。

四、牛副流行性感冒

牛副流行性感冒（运输热）是由副流感3型病毒所引起的急性接触性传染病，以侵害呼吸器官为主要特征。主要发生于集约化养牛场经过长途运输后的育肥牛群。

【病原】流行性感冒病毒属于正黏病毒科流感病毒属。病毒能凝集牛的红细胞。病毒对干燥和冰冻的抵抗力较强，但对热和普通消毒剂敏感，常用消毒剂均可在很短时间内杀死该病毒。

【流行病学】在自然情况下，本病仅感染牛，病毒随飞沫被易感牛吸入呼吸道而感染。潜伏期为2～5天。本病的流行有明显的季节性，多发生于天气骤变的早春、晚秋和寒冷的季节。传播极快，往往在2～3天内全群牛相继发病。

【临床症状】体温升高到41℃以上。食欲减退或废绝，精神极度沉郁，鼻镜干燥，鼻孔流出黏液脓性鼻液，大量流泪，有脓性结膜炎。肌肉和关节疼痛，常卧地不起，恶寒。呼吸急促，呈腹式呼吸，有时张口呼吸，阵发性痉挛性咳嗽。有的发生黏液性腹泻，机体消瘦，经2～3天死亡。怀孕母牛可发生流产。发病率约20%，死亡率为1%～4%。病程较短，如无继发感染，多数病牛可于6～7天左右康复。

【病理变化】肺的病变部呈紫红色如鲜牛肉状，开张不完全，塌陷，其周围肺组织则呈气肿和苍白色，两者界限分明。颈淋巴结和纵隔淋巴结肿大、充血、水肿。巴氏杆菌、双球菌、链球菌等常参与混合或继发感染，而使病程复杂化。

【实验室检查】 确诊可采集病牛的血液、鼻分泌物等送兽医检验室作病毒分离和鉴定。

【类症鉴别】

1. 牛副流行性感冒与牛传染性鼻气管炎（呼吸道型）的鉴别诊断

［**相似点**］牛副流行性感冒与牛传染性鼻气管炎（呼吸道型）均有食欲减退，精神萎靡，鼻孔流出黏液脓性鼻液以及呼吸困难、咳嗽等临床表现。

［**不同点**］牛传染性鼻气管炎是由牛传染性鼻气管炎病毒（IBRV）引起的牛的一种急性、热性、接触性传染病。呼吸道型以呼吸道黏膜发炎、水肿、出血和坏死为特征。鼻黏膜高度充血，鼻窦、鼻镜高度充血（红鼻子），鼻液多时呼吸困难，呼出气体有臭味，咳嗽。牛副流行性感冒病牛大量流泪，有脓性结膜炎。肌肉和关节疼痛，常卧地不起，恶寒。呼吸急促，呈腹式呼吸，有时张口呼吸，阵发性痉挛性咳嗽。

2. 牛副流行性感冒与牛传染性胸膜肺炎（急性型）的鉴别诊断

［**相似点**］牛副流行性感冒与牛传染性胸膜肺炎均有传染性，体温高（40～42℃），呼吸困难，咳嗽，胸部听诊有摩擦音、啰音，流脓性鼻汁等临床表现。

［**不同点**］牛传染性胸膜肺炎（牛肺疫）病原体是支原体，以纤维素性胸膜肺炎为主要特征。新区可暴发流行，老疫区多为散发。病初体温升高达 40～42℃，呈稽留热型。鼻翼开放，呼吸急促而浅，呈腹式呼吸和痛性

短咳。因胸部疼痛而不愿行走或卧下，肋间下陷，呼气长，吸气短。叩诊胸部患病侧发浊音，并有痛感。听诊肺部有湿性啰音，肺泡音减弱或消失，代之以支气管呼吸音，无病变部呼吸音增强。垂皮、胸前、腹下水肿，病料涂片镜检可见丝状支原体。牛副流行性感冒病牛大量流泪，有脓性结膜炎。肌肉和关节疼痛，常卧地不起，恶寒。呼吸急促，呈腹式呼吸，有时张口呼吸，阵发性痉挛性咳嗽。

3. 牛副流行性感冒与牛巴氏杆菌病（肺炎型）的鉴别诊断

［**相似点**］牛副流行性感冒与牛巴氏杆菌病均有传染性，体温高（41℃），呼吸迫促、困难，咳嗽，流鼻液，听诊有啰音、摩擦音，有时腹泻。

［**不同点**］牛巴氏杆菌病多散发，啰音、摩擦音仅限于肺的前下部，下痢粪恶臭，无脓性结膜炎和流泪。病料镜检有两极浓染杆菌。

4. 牛副流行性感冒与支气管肺炎的鉴别诊断

［**相似点**］牛副流行性感冒与支气管肺炎均体温高（39.5～41℃），咳嗽，听诊有啰音，流鼻液，呼吸困难。

［**不同点**］支气管肺炎无传染性，流浆性鼻液，不出现脓性结膜炎和大量流泪，听诊肺部不出现摩擦音。

5. 牛副流行性感冒与大叶性肺炎的鉴别诊断

［**相似点**］牛副流行性感冒与大叶性肺炎均体温高（40～41℃），咳嗽，流鼻液，肺部听诊有啰音，叩诊有浊音。

［**不同点**］大叶性肺炎无传染性，病程分四期，鼻液

黄红或铁锈色。

6. 牛副流行性感冒与恶性卡他热的鉴别诊断

［**相似点**］牛副流行性感冒与恶性卡他热均有传染性，体温高（40～41℃），鼻镜干，消瘦，结膜炎，有脓性分泌物，呼吸困难，有下痢。

［**不同点**］恶性卡他热的病原是恶性卡他病毒。角膜浑浊甚至穿孔，鼻有溃疡、出血，鼻镜坏死，口黏膜、颊部、齿龈发生灰白丘疹和糜烂，上覆黄色假膜，流涎，口有恶臭，出现吞咽困难。

7. 牛副流行性感冒与牛网尾线虫病的鉴别诊断

［**相似点**］牛副流行性感冒与牛网尾线虫病均呼吸快速，咳嗽，流鼻液，消瘦。

［**不同点**］牛网尾线虫病的病原是网尾线虫。体温不高，不发生脓性结膜炎和大量流泪，不拉稀，粪便和鼻液可检出幼虫。

【防制】

1. 预防措施

牛场调入或调出牛群时应选择温暖季节，在寒冷季节调运牛群时，应注意防寒、保暖。长途运输时中途应停车休息，并给牛群饮水和补饲。发病时可以2%优氯净、1%过氧乙酸等对场区、牛舍和饲养工具进行消毒，消毒前应认真打扫、冲洗，干燥后再进行消毒。早春和晚秋季节，应特别注意牛群的饲养管理，保持牛舍清洁、干燥，注意防寒保暖。

2. 发病后措施

本病尚无特效治疗药物，采用对症治疗和防止继发

感染常可取得良效。

处方1：①银翘散250～300克/头，全群拌料混饲，1次/天，连用3～5天。②板蓝根注射液20～30毫升/头，肌内注射，1～2次/天，连用3～5天。③苯唑西林钠粉针20毫克/千克体重、注射用水适量，肌内注射，2次/天，连续应用3～5天。

处方2：①防风通圣散250克/头，全群拌料混饲，1次/天，连用3～5天。②复方氨基比林20～30毫升/头，肌内注射，1～2次/天。③头孢噻呋钠粉针0.1毫升/千克体重、注射用水适量，肌内注射，2次/天，连用3～5天。

处方3：①荆防败毒散250克/头，全群拌料混饲，1次/天，连用3～5天。②柴胡注射液20～30毫升/头，肌内注射，2～3次/天。③左旋氧氟沙星注射液5毫克/千克体重，肌内注射，2次/天，连用3～5天。

五、流行性乙型脑炎

流行性乙型脑炎（日本乙型脑炎）是由日本脑炎病毒引起的一种急性人畜共患的传染病。牛大多为隐性感染。

【病原】病原体是日本乙型脑炎病毒，为披风病毒科黄病毒属微生物。病毒对热的抵抗力不强，100℃加热2分钟，可使病毒完全灭活；但对低温则有较强的抵抗力，在－70℃低温或冻干状态下可存活数年。对酸敏感，pH7以下时活性迅速降低。普通消毒剂都有良好的消毒作用，1%来苏尔经5分钟、3%来苏尔经2分钟即可使其灭活。0.2%甲醛4℃下放置5天可使之失去感染能力，但仍具有抗原性。

【流行病学】本病是通过蚊虫叮咬而传播的，感染本病毒的库蚊、伊蚊和按蚊以及库蠓终生都有传染性，病毒能在其体内生长繁殖和越冬，并可经卵传代，带毒越冬蚊子为次年传染的来源。由此看来，蚊子不仅是传染媒介，也是传染源。因此，本病的发生有明显的季节性，一般多在夏秋季节媒介昆虫的活动期。

【临床症状】牛多呈隐性感染，自然发病者较少见。牛感染发病后主要呈现发热和神经症状。体温升高达40～41℃，呈稽留热。精神沉郁，食欲降低或废绝。呻吟，磨牙，肌肉痉挛，四肢僵硬，无目的地旋转行走或嗜眠，或后肢轻度麻痹，步态踉跄等。急性者经1～2天，慢性者10天左右死亡。

【病理变化】可见脑、脊髓和脑脊膜充血，脑脊髓液增多，或有脑水肿。其他内脏变化不明显。采集大脑和小脑组织制作病理组织切片检查时，发现病毒性脑炎变化。

【实验室检查】通过血清学诊断和病毒分离确诊。

1. 流行性乙型脑炎与牛狂犬病的鉴别诊断

［**相似点**］流行性乙型脑炎与牛狂犬病均有传染性，精神沉郁，磨牙，呻吟，有神经兴奋症状。

［**不同点**］牛狂犬病的病原是狂犬病毒，被狂犬病病犬咬后发病，兴奋时挣脱缰绳冲撞，视力障碍，不断哞叫，流涎，吞咽困难，腹痛、拉黑色稀粪。

2. 流行性乙型脑炎与脑膜脑炎的鉴别诊断

［**相似点**］流行性乙型脑炎与脑膜脑炎均精神沉郁，闭目垂头，靠墙站立，兴奋时乱闯越槽，卧地做游泳动作，兴奋、沉郁交替发作。

［**不同点**］脑膜脑炎无传染性，体温较高（40～41℃），兴奋时狂暴、不避障碍跳跃甚至前肢腾空后肢立地、癫

狂猛进，侵害人畜较日本乙型脑炎更甚。发病与季节无关。

3. 流行性乙型脑炎与脑及脑膜充血的鉴别诊断

［**相似点**］流行性乙型脑炎与脑及脑膜充血均体温不高，沉郁时感觉迟钝，垂头站立，兴奋时狂躁不安，乱闯越槽。

［**不同点**］脑及脑膜充血无传染性，多在炎热劳役、车船运输、奔驰后发病。头盖灼热，眼结膜潮红而不黄染。

4. 流行性乙型脑炎与脊髓炎和脊髓膜炎（弥漫性脊髓炎）的鉴别诊断

［**相似点**］流行性乙型脑炎与脊髓炎和脊髓膜炎均有四肢共济失调，站立不稳，后躯麻痹，反射机能消失等症状。

［**不同点**］脊髓炎和脊髓膜炎无传染性，发病与季节无关，脊髓炎向前蔓延则麻痹的部位也向前移，最后膀胱和肛门括约肌麻痹。

5. 流行性乙型脑炎与慢性脑水肿的鉴别诊断

［**相似点**］流行性乙型脑炎与慢性脑水肿有时先兴奋后沉郁，眼半闭，全身反射迟钝，四肢常交叉站立，失去平衡，常靠墙站立，有时作圆圈运动。

［**不同点**］慢性脑水肿体温不升高，行动执拗而不易驾驭，听觉反应常不与声响发生的方向一致，严重时眼球震颤，有时发生癫痫样惊厥。

6. 流行性乙型脑炎与牛铅中毒的鉴别诊断

［**相似点**］流行性乙型脑炎与铅中毒均有肌肉颤搐，磨牙，转圈等症状。

[**不同点**] 铅中毒因采食含铅物质（如油漆、颜料、铅化合物、铅矿冶炼厂的废水）而发病。步态蹒跚，感觉过敏，口吐白沫，瞳孔散大，角弓反张，惊厥而死。

7. 流行性乙型脑炎与牛氟乙酰胺中毒的鉴别诊断

[**相似点**] 流行性乙型脑炎与牛氟乙酰胺中毒均有精神沉郁，磨牙，呻吟，痉挛（阵发性）等症状。

[**不同点**] 氟乙酰胺中毒因采食混有氟乙酰胺的饲料而发病。空嚼流涎，口角流粉红色泡沫，步行蹒跚，阵发性痉挛持续 9～18 小时，突然倒地抽搐、狂叫，角弓反张，四肢痉挛，瞳孔散大，口吐白沫。

【防制】

1. 预防措施

（1）免疫接种。兽用乙型脑炎疫苗 1.0 毫升/头，在蚊虫季节到来之前 1～2 个月，肌内注射，当年犊牛注射 1 次后，次年必须再注射疫苗 1 次。

（2）消灭蚊虫。蚊虫不仅是本病的传染媒介，也是传染源。养牛场在蚊子开始出没、频繁活动的季节，应 2～3 周使用 1.5％的溴氰菊酯溶液对牛舍和牛体进行喷雾灭蚊，并在冬初、春末注意消灭越冬蚊。

（3）人员防护。流行性乙型脑炎为人、畜共患的传染病。人感染流行性乙型脑炎后，病死率较高。故养牛场发生流行性乙型脑炎时，牛场所有管理人员均应立即到医院进行疫苗接种，并加强个人防护，防止被蚊子叮咬。

2. 发病后措施

对流行性乙型脑炎的主要治疗措施是及时应用抗血清，加强饲养管理，降低颅内压，调整大脑机能和解毒

等疗法。

处方1：①抗流行性乙型脑炎血清0.1毫升/千克体重，1次/天，连用3～5天。②全群以曲蘗散250～300克/头，拌料内服，1次/天，连续应用3～5天。③100升饮水添加复方黄芪多糖可溶性粉50克，全群混饮，1次/天，连续应用3～5天。

处方2：①抗流行性乙型脑炎血清治疗同处方1。②山梨糖醇注射液500～1000毫升/头，静脉注射，1～2次/天，连用3～5天。③鱼腥草注射液20～30毫升/次，肌内注射，2次/天，连用3～5天。④100升饮水添加复方黄芪多糖可溶性粉50克，全群混饮，1次/天，连续应用3～5天。

处方3：①木香导滞散200～250克/头，1次/天，全群拌料内服，连用3～5天。②25%葡萄糖注射液500～2500毫升、10%安钠咖20毫升、40%乌洛托品30～50毫升，1～2次/天，连用3～5天。③复方黄芪多糖可溶性粉500克加入1000千克饮水，全群自由饮用，连用3～5天。

六、狂犬病

狂犬病是由狂犬病毒引起的一种人人皆知、可怕的人畜共患传染病。临床主要表现为脑脊髓炎等神经症状。

【病原】狂犬病病毒属于弹状病毒科狂犬病病毒属。病毒在唾液腺和中枢神经（尤其在脑海马角、大脑皮层、小脑等）细胞的胞内形成狂犬病特异的包涵体。狂犬病毒对温热敏感，煮沸2分钟可完全杀死病毒，56℃经15～30分钟可使之灭活。自然光、紫外线、胆盐、甲醛、氯化汞、酸性和碱性消毒剂等都可迅速使之灭活。

【流行病学】虽然几乎所有的温血动物都对本病易感，但在自然界中主要的易感动物是犬科和猫科动物、蝙蝠和某些啮齿类动物。野生动物（狼、狐、貂、蝙蝠等）是狂犬病病毒的主要自然储存宿主。当这些动物被肉食者捕食后则可传播本病。患狂犬病的犬和猫是使人感染的主要传染源。多数患病动物唾液中带有病毒，被患病动物咬伤或伤口被含有狂犬病病毒的唾液直接污染是本病的主要传播方式。另外，人和动物都有经呼吸道、消化道和胎盘感染的病例，值得注意。本病呈散发，一年四季都可发生，以春夏和秋冬之交多见，病死率为100%。

由于病毒是沿神经向中枢传播的，所以头、面部及颈部被咬伤者比躯干和四肢被咬伤者发病快，且发病率也较高。同样道理，伤口越深、伤口越多者发病率也越高。被患病野生动物咬伤者的发病率常比被患病犬咬伤者高1倍以上，这是因为野生动物唾液腺中含病毒量比犬高，且含毒时间更久。狂犬病病毒由伤口侵入后，可在侵入部分的肌细胞内增殖，并停留一定时间后才会循神经向中枢传递。也就是说病毒由伤口侵入后与由神经向脊髓、脑干、大脑传递之间需要经历较长的一段时间，这就给被咬者用“疫苗接种”防治本病提供了可能，在实践中确实取得了预期效果。

【临床症状】潜伏期的长短差别很大，短者1周，长者1年以上，一般为2～8周，病初表现精神沉郁，食欲减退，反刍缓慢，继之表现兴奋不安，前肢搔地，应激性增高，对环境刺激反应性加强。稍有声响立即跃起，试图挣脱缰绳，冲撞墙壁，跨踏饲槽，磨牙流涎。兴奋发作后，往往有一个间歇期，以后再次发作。逐渐发生麻痹症状，如吞咽困难，伸颈、流涎、瘤胃臌气、里急

后重等，最后倒地不起，衰竭而死，病程 2～4 天。

【病理变化】肉眼病变不明显。在大脑海马角，小脑和延脑的神经元胞质内出现嗜酸性包涵体。

【实验室检查】组织学观察、小鼠脑内接种试验和包涵体的免疫荧光试验等可确诊。

【类症鉴别】

1. 狂犬病与口蹄疫的鉴别诊断

[**相似点**] 狂犬病与口蹄疫均有传染性，体温高（40～41℃），大量流涎，减食或废绝。

[**不同点**] 口蹄疫唇、舌、齿龈有水疱和糜烂，同时蹄趾也有水疱和糜烂，传播迅速，不出现不断哞叫和视力障碍及疝痛。

2. 狂犬病与口炎的鉴别诊断

[**相似点**] 狂犬病与口炎均有大量流涎，食欲减退或废绝。

[**不同点**] 口炎无传染性，口腔有炎症或溃疡，但无视觉障碍，不出现高温和不断哞叫及疝痛。

3. 狂犬病与青草搐搦的鉴别诊断

[**相似点**] 狂犬病与青草搐搦均有体温高（40～40.5℃），步态蹒跚，吃草反刍废绝，吼叫，口流涎，行动盲目等症状。

[**不同点**] 青草搐搦无传染性，在施钾肥、氮肥多且低镁的草地放牧多发。在恶劣天气泌乳母牛易发病，感觉过敏，静卧时如有突发声响和触动即重发阵挛性惊厥，两耳及肌肉明显搐搦，心跳音亢进，距离畜体一定距离也可听到。血镁低于 0.81 毫克/升。

【防制】

1. 预防措施

（1）消灭传染源。犬、猫是人类和动物狂犬病的主要传染源。因此，对患有狂犬病的犬、猫进行扑杀，给家养犬进行免疫接种，也就成了预防和消灭人类和猪狂犬病的最有效措施。对患狂犬病死亡的动物，不应剖检，更不得剥皮食用，以免狂犬病病毒经破损皮肤、黏膜等使人发生感染，而应将病尸焚烧或深埋。

（2）免疫接种。感染狂犬病的动物和人几乎无一例耐过，均以死亡而告终。因此，对狗尤其是牛场饲养的看门狗，要实施一例不漏的以犬五联活疫苗（狂犬病、犬瘟热、犬副流感、犬细小病毒性肠炎、犬传染性肝炎）预防性接种，仔犬断奶后以 1 头份犬五联活疫苗皮下注射，以 3 周的间隔，连续注射 3 次；成犬以 3 周的间隔，每年注射 2 次，每次 1 头份。以免发病后咬伤人和牛而传播本病。除犬外，目前尚没有供其他动物使用的狂犬病疫苗。

2. 发病后措施

至今为止，还没有找到有效的治疗药物，以抗狂犬病血清进行治疗，在经济上又极不合算。因此，凡患狂犬病的牛或疑似牛均应扑杀。

七、轮状病毒感染

轮状病毒感染是婴幼儿和幼畜（牛犊、牛羔、仔猪、马驹、仔兔、猴仔、狗仔及雏禽）共患的一种急性胃肠道传染病，是以厌食、呕吐和腹泻为特征的病毒性肠道

感染。发生于寒冷季节，多侵害幼龄动物，突然发生水样腹泻。成年动物多呈隐性经过。

【病原】轮状病毒属呼肠孤病毒科轮状病毒属。病毒粒子呈球形，直径65～80纳米。完整的病毒粒子具有双层蛋白外壳结构，其外围有明显尖锐的轮辐，形似车轮，因而得名。本病毒的抗原性有群特异性和型特异性。群特异性抗原（共同抗原）存在于内衣壳，为各种动物和人的轮状病毒所共有。型特异性抗原存在于外衣壳，与一定的RNA基因组片段有关。目前，我国只有一个血清型，即牛轮状病毒血清Ⅰ型（NCDV型）。该病毒对外界环境的抵抗力较强，粪便中的病毒在18～20℃室温条件下，经7个月仍有感染性。在pH3～9范围内稳定。对热的抵抗力中等，在63℃条件下，30分钟被灭活。对碘仿、高氯酸具有耐受性，2%戊二醛、0.01%碘、1%福尔马林、1%次氯酸钠均能在很短的时间内杀灭轮状病毒。

【流行病学】本病主要发生在犊牛。春、秋季发病较多。

【临床病学】多发生在1周龄以内的新生犊牛，潜伏期一般为15～96小时。病初精神萎靡，食欲不振，不愿行走，常有呕吐，体温正常或略有升高。随后迅速发生严重腹泻，粪便糊状或水样，呈黄白色，有时带有黏液和血液。由于持续腹泻，可使机体迅速脱水，体重可减轻30%左右，最后多由严重脱水而死亡，病程1～5天，病死率可达50%。

【病理变化】剖检可见胃内充满凝乳块和乳汁，肠壁变薄，呈半透明状，内容物呈灰黄色液状。肠系膜淋巴结肿大，小肠绒毛短缩变干，如用放大镜检查则更清楚。组织学检查，可见小肠绒毛顶端上皮变性、溶解或脱落，固有膜内有单核细胞和淋巴细胞浸润等。

【实验室检查】确诊必须进行实验室诊断。

【类症鉴别】

1. 轮状病毒感染与犊牛消化不良的鉴别诊断

［**相似点**］轮状病毒感染与犊牛消化不良均体温不高，发病多在10日龄以内，拉稀，精神萎靡。

［**不同点**］犊牛消化不良发病率不高，黄色稀粪中常含有奶瓣，不含血液。

2. 轮状病毒感染与犊牛大肠杆菌病的鉴别诊断

［**相似点**］轮状病毒感染与犊牛大肠杆菌病均在10日龄内多发，冬春多发，拉黄色或黄白色稀粪。

［**不同点**］犊牛大肠杆菌病体温高。粪中含有凝乳、凝血块和泡沫。末期腹痛，常伴有关节炎、肺炎。

3. 轮状病毒感染与犊牛沙门氏菌病的鉴别诊断

［**相似点**］轮状病毒感染与犊牛沙门氏菌病均有出生不久（多数在10～14日龄）发病，拉稀，呈灰黄色液状。

［**不同点**］犊牛沙门氏菌病发病年龄超过10日龄，体温高达40～41℃，出现症状后5～7天病死率为50%。病程稍长，可能关节肿大和有支气管炎、肺炎。血清凝集反应阳性。

4. 轮状病毒感染与犊牛肠炎的鉴别诊断

［**相似点**］轮状病毒感染与犊牛肠炎均有拉稀，粪中有黏液和血液。

[不同点] 犊牛肠炎体温高（40℃），眼结膜充血，没有流行性，不传染。

【防制】

1. 预防措施

牛场进入产仔季节时，要彻底清扫产房，全面检查产房的保暖设备，确保产房干燥、清洁、保暖设备良好。怀孕母牛进入产房后，应以5%聚维酮碘、2%戊二醛、1%次氯酸钠进行喷雾消毒，以杀灭轮状病毒和一些病原菌。

2. 发病后措施

发现病犊牛，应立即隔离到清洁、干燥、温暖的畜舍内，停止哺乳，以消毒的牛乳、奶粉、葡萄粉进行人工饲喂。

处方1：①将1份量口服补液盐中的两小袋药品同时放入1000毫升的温开水（30℃左右）中，完全溶解后，供犊牛自由饮用，连用7～10天。②5%庆大-小诺霉素注射液0.1毫升/千克体重，肌内注射，2次/天，连用3～5天。③硫酸新霉素预混剂100～150克/次，温水调灌服，2次/天，连用3～5天。

处方2：①将1份量口服补液盐中的两小袋药品同时放入1000毫升的温开水（30℃左右）中，完全溶解后，供犊牛自由饮用，连用7～10天。②葡萄糖生理盐水注射液500～1500毫升、10%安钠咖5～15毫升、5%碳酸氢钠20～50毫升，1～2次/天，连用3～5天。③硫酸黏菌素预混剂（以硫酸黏菌素计）3～5毫克/(千克体重·次)，温水调灌服，2次/天，连用3～5天。

处方3：①将1份量口服补液盐中的两小袋药品同时放入1000毫升的温开水（30℃左右）中，完全溶解后，供犊牛自由饮用，连用 3～5 天。②硫酸黏菌素预混剂（以硫酸黏菌素计）3～5 毫克/(千克体重·次)，温水调灌服，2 次/天，连用 3～5 天。③葡萄糖生理盐水 250～1000 毫升、5%碳酸氢钠 20～50 毫升、10%樟脑磺酸钠 10 毫升、10%维生素 C 注射液 10 毫升，静脉或腹腔注射，1～2 次/天，连用 3～5 天。

八、伪狂犬病

伪狂犬病是由伪狂犬病病毒引起的多种家畜和野生动物以发热、奇痒及脑脊髓炎为主要症状的一种急性传染病。

【病原】伪狂犬病病毒（PRV）属于疱疹病毒科甲型疱疹病毒亚科猪疱疹病毒Ⅰ型，呈球形，有囊膜。只有一个血清型。对干燥有一定的抵抗力，病畜舍内的病毒，夏季可存活 30 天，冬季可存活 46 天以上。在腐败条件下，病料中的病毒经 11 天左右即失去感染力。病毒在直射阳光下迅速被灭活。80℃经 3 分钟，可使其灭活，100℃立即死亡。病毒对低温的抵抗力很强，在 0～6℃条件下可存活 154 天。病毒对大多数消毒剂有较强的抵抗力，0.5%石炭酸处理 32 天后仍具感染性，3%来苏儿需要 10 分钟才能杀死病毒，0.1%氯化汞和 0.5%苛性钠则可迅速使其灭活。

【流行病学】在自然条件下，多种动物均可感染发病。除成年猪外，对其他动物均是高度致死性疾病，病畜极少康复。携带病毒的鼠类为本病的主要传染源，病原体通过鼻液、乳汁、眼眵及阴道分泌物等排出体外污染环境，其中尤以鼻飞沫传染最快。牛可经由各种途径感染而发病，但主要经消化道、呼吸道、黏膜及皮

肤的伤口而感染。本病多发于冬、春两季，多呈地方性流行。在同一地区往往是猪首先发病，而后传染给牛，使之发病。

【临床症状】伪狂犬病潜伏期为3～6天，短者36小时，长的可达10天。牛发病后可出现局部奇痒，奇痒可出现于眼睑、鼻孔、口唇、面颊、肩、四肢、腹部、肛门、阴部及乳房等处。病初食欲减退，反刍缓慢，体温上升至40℃以上，精神高度沉郁。继之开始舐拭或啃咬发痒部位，使之脱毛，皮肤呈红色、增厚，并有淡黄色浆液性渗出物。剧痒发生在腹部、肛门、阴部及乳房等处时，病牛常呈犬坐姿势在地上反复滑擦。很快出现神经症状，表现兴奋不安，头部和颈部肌肉发生痉挛，张口伸舌，口流涎沫。随着兴奋和不安的加剧，病牛强烈喷嚏或狂鸣，共济运动失调，起卧不宁，但并不攻击人或动物。病至后期神经症状加剧，衰弱无力，呼吸、心跳加快，神志不清，全身出汗，死前咽喉麻痹，大量流涎，四肢瘫痪，卧地不起，常于发病后2～3天内死亡。犊牛则常于出现症状后1天内死亡。

【病理变化】瘙痒部位皮肤增厚2～3倍，脱毛、擦伤、撕裂、水肿、出血和糜烂。中枢神经症状明显时，脑、脑膜或脊髓膜充血、出血、水肿，脑脊髓炎增多。肺充血水肿。心包积液。消化道黏膜充血和出血。肝淤血肿大，其上有少量灰白色坏死点。

【实验室检查】动物接种、病原分离和血清学检查确诊。

【类症鉴别】注意与狂犬病、螨病等区别。狂犬病病程较长，对人畜有攻击性，流延，很少出现痒感、麻痹症状和突然死亡。组织学检查。螨病皮肤发痒，脱毛，皮肤刮片镜检，可查出螨虫。

1. 伪狂犬病与牛狂犬病的鉴别诊断

［**相似点**］伪狂犬病与牛狂犬病均有体温高（40℃以上），流涎，吼叫，磨牙，病程短等症状。

［**不同点**］牛狂犬病的病原是狂犬病病毒。病初即吼叫，流涎，视力障碍。有腹痛，排黑色稀粪。不发生瘙痒，病程2～3天。

2. 伪狂犬病与皮肤瘙痒症的鉴别诊断

［**相似点**］伪狂犬病与皮肤瘙痒症均有皮肤瘙痒，咬、舔局部，皮肤擦伤等症状。

［**不同点**］皮肤瘙痒症不出现高温、吼叫、流涎。

3. 伪狂犬病与感光过敏的鉴别诊断

［**相似点**］伪狂犬病与感光过敏均有皮肤奇痒，痉挛等症状。

［**不同点**］感光过敏一般因吃了过敏物质（荞麦、贯叶连翘、野胡萝卜、黄花苜蓿等）而发病。乳房、乳头、四肢、胸腹部、口周围均出现疹块。

4. 伪狂犬病与疥螨的鉴别诊断

［**相似点**］伪狂犬病与疥螨均有剧烈瘙痒，啃咬，擦痒等症状。

［**不同点**］疥螨最初出现小结节，继为水疱，破裂流淋巴液，表面结痂，痂下湿润有臭味。

5. 伪狂犬病与痒螨的鉴别诊断

［**相似点**］伪狂犬病与痒螨均有奇痒、舌舔、擦痒等

症状。

［**不同点**］痒螨主要发于牛颈、角基、尾根、垂皮、肩侧，皮肤增厚，有痂皮。皮肤刮取物镜检，可见螨虫。

【防制】

1. 预防措施

牛舍要定期用2%苛性钠或20%石灰乳进行消毒。鼠类是引起其他动物发病的疫源动物和传播媒介。消灭牧场内及其周围的鼠类，不仅可有效地防止病毒的传入，而且可防止病毒在场内的传播，而达到预防本病的目的。养牛场不得饲养猪，以防猪发生伪狂犬病时，将病传染给牛，而造成重大经济损失。预防接种伪狂犬灭活疫苗，犊牛8毫升，成牛10毫升，颈部皮下注射，免疫期1年。接种伪狂犬活疫苗，2～4月龄犊牛1毫升（断奶后再接种2毫升/次），5～12月龄2毫升，1岁以上牛3毫升，肌内注射，接种后6天产生免疫力，免疫期1年。

2. 发病后措施

处方1：①牛伪狂犬病高免血清0.2毫升/千克体重，肌内注射，1次/天，连用3天。②葡萄糖盐水注射液1500～2500毫升、安溴注射液50～100毫升，静脉注射，1～2次/天，连用2～3天。③头孢羟氨苄可溶性粉（以头孢羟氨苄计）30～40毫克/千克体重，全群混饮，2次/天，连用2～3天。④0.5%盐酸普鲁卡因20～50毫升/次，奇痒处周围皮下注射，1次/天，连用2～3天。

处方2：①盐酸氯丙嗪1～2毫克/千克体重，肌内注射，1～2次/天，连用2～3天。②0.5%盐酸普鲁卡因20～50毫升/次，奇痒处周围皮下注射，1次/天，连用2～3天。③穿心莲注射液0.2毫升/千克，1～2次/天，连续应用2～3天。④头孢羟氨苄可溶性粉（以头孢羟氨苄计）30～40 毫克/千克体重，全群混饮，2 次/天，连用 2～3 天。

九、恶性卡他热

恶性卡他热（恶性卡他）是由恶性卡他病毒引起的一种致死性病毒性传染病。临床表现以高热、呼吸及消化道黏膜的坏死性炎症，且常伴有角膜浑浊为特征。

【病原】恶性卡他病毒是疱疹病毒科疱疹病毒丙亚科的可能成员。有囊膜，主要存在于病牛的血液和脑、脾等组织中。病毒能在甲状腺和肾上腺细胞培养物上生长，并产生核内包涵体及合胞体。病毒对外界环境的抵抗力不强，常用消毒剂均可快速使之灭活，冷冻及干燥均能使之灭活。

【流行病学】恶性卡他热在自然情况下，主要发生于黄牛和水牛，其中以 1～4 岁的牛最易感，老龄牛较少发病。绵牛、山牛等也可以感染，但症状不易察觉或无症状，成为病毒携带者。本病不能由病牛直接传染给健康牛，一般认为绵牛无症状带毒者是牛群暴发本病的传染源。本病一年四季均可发生，但以冬季和早春多发，多呈散发，有时呈地方性流行。

【临床症状】病潜伏期长短变化很大，一般为 28～60 天，长的可达 20 周。现已报道的有急性型、消化道型、头型等类型。急性型病程多为 1～3 天，仅体温升高至 41～42℃，而不表现特征性症状即死亡。消化道型和头型等类型一般病程为 4～14 天，病情轻微的可恢复，但常复发，病死率很高。病初体温升高至 41～42℃，稽

留不退，食欲减退，瘤胃弛缓，泌乳停止，呼吸心跳加快，鼻镜干热，无汗，急性型者可发生死亡。第二天可见口腔与鼻腔黏膜充血、坏死及糜烂。继之鼻内排出黏稠脓样分泌物，分泌物干涸后，聚集在鼻腔内，妨碍气体流通，可引起呼吸困难；口腔黏膜广泛坏死及糜烂，流出带有臭味的涎液。双目畏光、流泪、眼睑闭合，角膜发生炎症反应，很快变得完全不透明。体表淋巴结肿大。初便秘，后拉稀，排尿频繁，有时混有血液和蛋白质。母畜阴唇水肿，阴道黏膜潮红、肿胀。

【病理变化】 最急性型，心肌变性，肝脏、肾脏和淋巴结肿大，消化道黏膜特别是皱胃黏膜有不同程度的炎性变化。头型，鼻黏膜充血、肿胀，鼻前庭及鼻中隔覆盖纤维素性坏死假膜，脱落后露出糜烂面。重者，溃烂可深达鼻甲骨、筛骨和角床的骨组织。鼻窦、额窦及角窦普遍发炎，窦内蓄积黄白色脓性物质。喉头、气管和支气管黏膜充血肿胀，常覆盖灰黄色假膜。肺充血、水肿。角膜炎，角膜浑浊、溃疡，眼房水浑浊，含有纤维素絮状小片。消化道型，口黏膜坏死、糜烂，严重时可延至咽部和食管黏膜。皱胃和肠黏膜充血、出血及溃疡，肠内容物混有血液和纤维素性坏死物。肾盂、输尿管和膀胱黏膜充血和出血。脾脏正常或中等肿大。肝、肾肿大。心包和心外膜有出血点。

【实验室检查】 确诊必须进行病毒分离和血清学检验。

【类症鉴别】

1. 恶性卡他热与牛瘟的鉴别诊断

［**相似点**］恶性卡他热与牛瘟均有传染性，体温升

高，口腔黏膜有病变。

［**不同点**］牛瘟传播迅速，呈流行性，消化道病变明显，无眼部变化和神经症状。

2. 恶性卡他热与口蹄疫的鉴别诊断

［**相似点**］恶性卡他热与口蹄疫均有传染性，体温高（40～41℃），口腔黏膜有糜烂，流涎。

［**不同点**］牛口蹄疫的病原是口蹄疫病毒。传播迅速，口腔先生水疱而后破溃糜烂，蹄趾间也有水疱糜烂，眼鼻不发炎，不流分泌物。牛恶性卡他热除口腔黏膜有糜烂外，鼻黏膜、鼻也可发炎，还有全眼球炎、角膜浑浊，全身症状严重，死亡率高。

3. 恶性卡他热与牛传染性角膜结膜炎的鉴别诊断

［**相似点**］恶性卡他热与牛传染性角膜结膜炎均有结膜红肿，羞明流泪，角膜炎。

［**不同点**］牛传染性角膜结膜炎不发热，口鼻无炎症坏死，无脓鼻液。

4. 恶性卡他热与水牛类恶性卡他热的鉴别诊断

［**相似点**］恶性卡他热与水牛类恶性卡他热均有传染性，多散发，体温高（40℃以上），眼结膜高度潮红，流泪，流鼻液，体表淋巴结肿大，排恶臭稀粪。

［**不同点**］水牛类恶性卡他热只感染水牛，黄牛不感染，角膜、虹膜不发炎，口腔不糜烂、不流涎。心悸亢进，背、腹、臀部可听到心音。

5. 恶性卡他热与牛痘的鉴别诊断

［**相似点**］恶性卡他热与牛痘均有传染性，体温高（41～42℃），眼潮红，流泪，鼻黏膜潮红，流鼻液，口

黏膜潮红，流涎，拉稀恶臭，母牛阴道充血。

［**不同点**］牛痘传播迅速，眼睑水肿，结膜表面有假膜，角膜不浑浊。

6. 恶性卡他热与牛病毒性腹泻（黏膜病）的鉴别诊断

［**相似点**］恶性卡他热与牛病毒性腹泻均有传染性，体温高（40～42℃），鼻眼有分泌物，流涎，腹泻。

［**不同点**］牛病毒性腹泻发病的多为6～18月龄犊牛，鼻镜糜烂。白细胞初减少，1～6天后增多，以后又减少，初泻如水，瓦灰色。

7. 恶性卡他热与牛传染性鼻气管炎（呼吸型）的鉴别诊断

［**相似点**］恶性卡他热与牛传染性鼻气管炎均有传染性，体温高（40℃），鼻黏膜充血坏死，流脓性鼻液，结膜炎，流泪。

［**不同点**］牛传染性鼻气管炎口腔无病变，不流涎，角膜不发炎无溃疡，不发生腹泻。

8. 恶性卡他热与牛蓝舌病的鉴别诊断

［**相似点**］恶性卡他热与牛蓝舌病均有传染性，体温高（41℃），口鼻流脓性分泌物，呼吸迫促。

［**不同点**］牛蓝舌病口唇水肿，褪色苍白，腿僵硬跛行，蹄叶炎甚至蹄壳脱落。

9. 恶性卡他热与牛副流感的鉴别诊断

［**相似点**］恶性卡他热与牛副流感均有传染性，体温高（41℃），脓性结膜炎，流脓性鼻液，呼吸困难，消瘦，下痢，步态不稳。

［**不同点**］牛副流感的病原是牛副流感病毒。鼻镜

干，无糜烂，口黏膜无丘疹、糜烂，不流涎，角膜无溃疡穿孔。用双份血清作副流感的中和试验或血凝抑制试验，如抗体滴度增加4倍即为阳性。

【防制】

1. 预防措施

养牛场不得饲养绵牛和山牛，以防绵牛和山牛将猬羚疱疹病毒Ⅰ型传染给牛，而造成重大经济损失。牛舍要定期用2％苛性钠、20％石灰乳或0.5％过氧乙酸进行消毒。

2. 发病后措施

处方1：①盐酸多西环素粉针10毫克/千克体重、葡萄糖生理盐水注射液1500～2500毫升、10%樟脑磺酸钠10～30毫升、10%维生素C注射液10～30毫升，静脉注射，2次/天，连用3～5天。②清瘟败毒散200～350克/头，温水调灌服，1次/天，连用3～5天。③注射用氨苄西林钠0.5克、0.5%盐酸普鲁卡因注射液10毫升、醋酸地塞米松注射液10毫克，以9#注射针头刺入睛明穴，缓慢注射，注意不得刺入眼球内，1次/2天。④以复方炉甘石眼膏点眼，2次/天，连用数天。

处方2：①注射用氨苄西林钠0.5克、0.5%盐酸普鲁卡因注射液10毫升、醋酸地塞米松注射液10毫克，以9#注射针头刺入睛明穴，缓慢注射，注意不得刺入眼球内，1次/2天。②以复方炉甘石眼膏点眼，2次/天，连用数天。③注射用氨苄西林钠20毫克/千克体重、葡萄糖生理盐水注射液1500～2500毫升、10%樟脑磺酸钠10～30毫升，静脉注射，2次/天，连用3～5天。④五味消毒饮200～300克/头，煎汤灌服，1次/天，连用3～5天。

十、牛病毒性腹泻

牛病毒性腹泻（黏膜病）是由瘟病毒属的牛病毒性腹泻病毒引起的病毒性传染病，临床上以消化道黏膜发炎、糜烂、坏死和腹泻为特征。

【病原】牛病毒性腹泻（黏膜病）病毒属于黄病毒科瘟病毒属。呈球形，有囊膜，为单股RNA病毒。病毒在抗原性上与猪瘟病毒存在一定的交叉反应。该病毒对外界环境的抵抗力很弱，对乙醚、氯仿、胰酶敏感，pH3以下环境中以及56℃很快被灭活。

【流行病学】牛病毒性腹泻病毒可感染黄牛、奶牛、水牛、牦牛、绵牛、山牛、猪和鹿等，使之发病。患病动物和带毒动物是本病的主要传染源，康复牛可带毒6个月。直接或间接接触均可传染本病，主要通过消化道和呼吸道而感染，胚胎也可通过胎盘而感染。新疫区急性病例多，且多发生于6～18月龄的青年牛，发病率约5%，但病死率很高常达90%～100%。老疫区则急性病例很少，发病率和病死率很低，而隐性感染率很高，常在50%以上。病的发生没有严格的季节性，但常发生于冬末和春季。潜伏期7～14天。

【临床症状】根据病程可分为急性和慢性两种。急性病牛体温突然升高至40～42℃，持续4～7天，精神沉郁，食欲减退，反刍弛缓，鼻、眼内有浆液性分泌物，鼻镜、口腔及舌黏膜糜烂，流涎增多，呼气恶臭。继之发生严重腹泻，开始时排出水样稀粪，以后带有黏液、血液和脱落的肠黏膜碎片。一些病牛常伴发蹄叶炎及趾间皮肤坏死、糜烂，从而导致跛行。慢性病牛很少体温升高，最明显的症状是鼻镜上的糜烂，此糜烂可在鼻镜上连成一片，但口腔内很少有糜烂。眼内有浆液性分泌物。由于蹄叶炎及趾间皮肤坏死、糜烂，导致跛行很明显。可有腹泻，也可能不发生腹泻。怀孕母牛可发生流产，或产出有先天性缺陷的犊牛。

【病理变化】尸体消瘦，鼻镜、鼻腔有糜烂及浅溃疡，齿龈、上颚、舌面两侧及颊部黏膜糜烂。严重病例在咽喉黏膜有溃疡及弥漫性坏死。特征性损害是食管黏膜发生条索状糜烂。瘤胃、皱胃、小肠、大肠等处黏膜出血、水肿、坏死和溃疡。趾间及全蹄冠有糜烂溃疡，甚至坏死。流产胎儿的口腔、食管、皱胃及气管内有出血斑或溃疡。运动失调的新生犊牛小脑发育不全或脑室积水。

【实验室检查】确诊需进行病毒分离鉴定和血清学检验。

【类症鉴别】注意与恶性卡他热、口蹄疫、水疱性口炎、副结核病、牛传染性鼻气管炎及某些肠道寄生虫病相区别。

1. 牛病毒性腹泻与牛瘟的鉴别诊断

［**相似点**］牛病毒性腹泻与牛瘟均体温高（41～42℃），流泪，口腔黏膜有溃烂，流涎，拉稀。

［**不同点**］牛瘟的传染扩散比病毒性腹泻（黏膜病）快（牛群可达100%），结膜表面有假膜，口黏膜先由灰白或灰色粟粒突起破溃汇成边缘不规则的烂斑，上覆假膜。不发生蹄间皮肤糜烂和蹄叶炎。

2. 牛病毒性腹泻与口蹄疫的鉴别诊断

［**相似点**］牛病毒性腹泻与口蹄疫均体温高（40～41℃），口腔、鼻镜糜烂，流涎，趾间糜烂、坏死，有跛行。

［**不同点**］口蹄疫的传播快速而面积大，眼、鼻无炎症，不流泪和鼻液，不发生蹄叶炎。

3. 牛病毒性腹泻与牛恶性卡他热的鉴别诊断

［**相似点**］牛病毒性腹泻与牛恶性卡他热均体温高（41～42℃），口鼻糜烂，流涎，流鼻液，拉稀混有血液。

［**不同点**］牛恶性卡他热传染时几乎是个别发病，眼结膜和角膜炎症严重，额窦隆起，牛角松离，进一步蔓延时，咽可因肿胀而窒息。

4. 牛病毒性腹泻与水泡性口炎的鉴别诊断

［**相似点**］牛病毒性腹泻与水泡性口炎均体温高（40～41℃），口黏膜有烂斑，大量流涎。

［**不同点**］水泡性口炎人、马、猪也感染，口黏膜先发水泡而后破溃为糜烂，有的蹄和乳房有水疱，不拉稀，不出现蹄叶炎。

【防制】

1. 预防措施

首先以血清学方法检出阳性牛，继之再以分子生物学方法检出血清学阴性的带毒牛，全部淘汰；文献记载可用牛病毒性腹泻弱毒疫苗或灭活疫苗来预防和控制本病，但市场上尚无供应。

2. 发病后措施

处方 1：①将 1 份量口服补液盐中的两小袋药品同时放入 1000 毫升的温开水（30℃左右）中，完全溶解后，供牛自由饮用，连用7～10天。②5%乳酸环丙沙星注射液5毫克/千克体重，肌内注射，2次/天，连用3～5天。③白头翁散200～300克，红糖200～250克，温水调灌服，1次/天，连用3～5天。

处方2：①将1份量口服补液盐中的两小袋药品同时放入1000毫升的温开水（30℃左右）中，完全溶解后，供牛自由饮用，连用7～10天。②葡萄糖生理盐水注射液500～1500毫升、10%葡萄糖注射液500～1500毫升、10%安钠咖5～15毫升、10%维生素C注射液20～50毫升，1～2次/天，连用3～5天。③白头翁散200～300克，红糖200～250克，温水调灌服，1次/天，连用3～5天。

十一、海绵状脑病

牛海绵状脑病（“疯牛病”）是由朊病毒引起的成年牛的一种神经性、渐进性、致死性传染病。临床上以出现神经症状为特征。

【病原】病原为朊病毒，主要由蛋白质构成，与一般病毒比较无核酸。此病毒对各种理化因素抵抗力很强，紫外线照射、离子辐射、双氧水、福尔马林等均不能使朊病毒完全灭活，但1%～2%氢氧化钠溶液、5%次氯酸钠溶液、90%石炭酸溶液、5%碘酊等可使之灭活。

【流行病学】多发于3～11岁的成年牛，且不分品种和性别，一年四季均可发生。主要通过消化道传播，健康牛通过食入用病牛和带毒牛制成的肉骨粉而感染。多呈散发，发病率低，但死亡率为100%。

【临床症状】本病潜伏期长达2～8年。病牛体重急剧减轻，产乳量下降，惊恐，瘙痒，烦躁不安，有攻击行为，冲撞围栏，或随意攻击其他牛和人。站立时后肢

叉开，肌肉震颤，运动时步态不稳，共济失调，对外界声音或触摸过敏，但体温无变化。后期全身麻痹，衰竭而死。从最初症状出现到病牛死亡通常为几个星期至12个月。

【病理变化】本病无肉眼可见的病理变化，病理组织学检查可发现中枢神经系统灰质区空泡样变的神经元呈两边对称性分布，构成神经纤维网的神经元突起内有许多小囊状空泡（即海绵样变）。神经元胞体膨胀，内有较大的空泡。星形细胞胶样变、肥大。大脑组织呈淀粉样变。

【类症鉴别】

1. 海绵状脑病与牛镁缺乏症的鉴别诊断

［**相似点**］海绵状脑病与牛镁缺乏症均体温、食欲正常，易突然摔倒。

［**不同点**］牛镁缺乏症无传染性，多发生于初生1周龄内，用硫酸镁注射即可痊愈。

2. 海绵状脑病与奶牛酮病的鉴别诊断

［**相似点**］海绵状脑病与奶牛酮病均体温正常，食欲减少，体重减少，奶量减少，表现狂躁，感觉过敏，步态不稳，好卧。

［**不同点**］奶牛酮病无传染性，常在产后几天或几周出现，奶、尿、呼出气有酮气味。运动执拗、狂躁、转圈、空嚼等症状间断而多次发生。奶、尿酮粉试验呈阳性反应。

3. 海绵状脑病与母牛“卧倒不起”综合征的鉴别诊断

［**相似点**］海绵状脑病与母牛“卧倒不起”综合征均体温正常，食欲稍减，精神很好而机敏，感觉过敏，卧倒想爬起来，不能站立。

［**不同点**］母牛“卧倒不起”综合征无传染性，常在分娩过程中或在生产后48小时内发病。在补磷、镁、钾后有明显改善而仍爬不起来。急性的48～72小时内死亡。

4. 海绵状脑病与牛狂犬病的鉴别诊断

［**相似点**］海绵状脑病与牛狂犬病均有传染性，狂躁，行动盲目，步态蹒跚等症状。

［**不同点**］牛狂犬病体温高（40～41℃），绝食，大量流涎，不断哞叫，数日内衰竭死亡。剖检可见脑和脑膜充血、出血，大脑、小脑、延脑的神经胞浆内出现内基氏小体。

5. 海绵状脑病与牛伪狂犬病的鉴别诊断

［**相似点**］海绵状脑病与牛伪狂犬病均有传染性，擦痒，狂躁，起卧不定，后肢麻痹，卧地不起等症状。

［**不同点**］牛伪狂犬病的病原是牛伪狂犬病毒。体温高（40℃），咽麻痹，流涎，磨牙，绝食，吼叫，常在48小时内死亡。病料接种家兔，局部奇痒，撕咬，持续4～6小时死亡。

6. 海绵状脑病与牛铅中毒的鉴别诊断

［**相似点**］海绵状脑病与牛铅中毒均有体温不高，步态蹒跚，共济失调，感觉过敏，狂躁，抽搐等症状。

［**不同点**］牛铅中毒因食油漆或被铅污染的饲草而发病，磨牙，口吐白沫，眼球转动不断水平摆动，瞳孔散大，吼叫，转圈。慢性，咽麻痹，腹泻、粪恶臭。

【防制】

1. 预防措施

加强国境检疫，防止疯牛病传入我国。禁止用反刍

动物蛋白饲喂牛，禁止销售和食用疯牛肉。与病牛接触的人员要做好自我防护工作，剖检划破皮肤后，立即用次氯酸钠溶液清洗伤口，污染场所、用具用2%氢氧化钠溶液消毒。

2. 发病后措施

目前尚无防治该病的药物及疫苗。发生本病后，要严格封锁，长期观察，及时扑杀病牛并进行焚烧处理，严禁将病牛屠宰后供食用和作种用，对被病牛污染的环境、用具等进行彻底的消毒。

十二、蓝舌病

蓝舌病是由蓝舌病病毒引起的反刍动物的一种急性、热性、非接触性传染病。临床上以发热、跛行、口腔黏膜溃疡等为特征。因病牛舌、齿龈、颊部黏膜充血肿胀，淤血后变为青紫色，故称蓝舌病。属于一类动物疫病。

【病原】 蓝舌病病毒属呼肠孤病毒科环状病毒属。呈球形，有囊膜，为双股 RNA 病毒。病毒具有血凝素，能凝集绵牛和人 O 型红细胞，血凝抑制试验具有型特异性。目前已发现有 24 个血清型，各型之间无交叉免疫力。病毒对外界环境抵抗力很强，可耐干燥和腐败。70%酒精、3%甲醛溶液和3%氢氧化钠溶液能很快使之灭活。

【流行病学】 反刍动物均易感。病牛和其他带毒反刍动物是主要传染源，主要通过吸血昆虫——库蠓进行传播，也可通过交配或经胎盘垂直传播感染。本病多发生于库蠓存在较多的夏、秋季节，特别在池塘、河流较多的低洼地区发病较多。

【临床症状】牛感染后多数呈隐性经过，但在较差的饲养管理和环境条件下以及遇到强毒感染时，有些病牛可表现临床症状。潜伏期一般为3～8天，体温升高达42℃。精神沉郁，食欲废绝。唇、舌、咽、胸部等水肿。口腔黏膜、齿龈、舌呈青紫色并出现烂斑。鼻孔内有脓稠黏液，干涸后变为痂块覆盖在鼻孔表面。随病情发展，可在溃疡损伤部渗出血液，唾液呈红色，口臭，吞咽困难。有的出现血样下痢。蹄部皮肤上有线状或带状紫红色血斑，趾间皮肤坏死，病牛跛行。肋部、腹部、会阴、乳房皮肤有斑块状皮炎。怀孕母牛发生流产、死胎或犊牛呈先天性畸形和脑积水。公牛可出现暂时性不育。

【病理变化】皮肤有充血斑块或局限性皮炎块，蹄冠皮肤有暗紫色带。肌肉出血，肌纤维变性。口腔黏膜和舌部青紫、水肿和糜烂。瘤胃黏膜有暗红色区和坏死灶。呼吸道、消化道和泌尿道黏膜及心肌、心内外膜有小出血点。脾肿大，被膜下出血。

【实验室检查】进行病毒分离及血清学检测。

【类症鉴别】注意与口蹄疫、病毒性腹泻（黏膜病）、传染性鼻气管炎、水疱性口炎和牛瘟等相区别。

1. 蓝舌病与牛病毒性腹泻（黏膜病）的鉴别诊断

［**相似点**］蓝舌病与牛病毒性腹泻均有传染性，体温高（41℃），口唇糜烂，流涎，有时有蹄叶炎，跛行。

［**不同点**］牛病毒性腹泻的病原为牛病毒性腹泻病毒。腹泻初粪如水，呈瓦灰色，恶臭，有时呈浅灰糊状（具特征性）。

2. 蓝舌病与恶性卡他热的鉴别诊断

［**相似点**］蓝舌病与恶性卡他热均有传染性，体温高（41～42℃），口腔糜烂，门鼻流黏液，呼吸增数等症状。

［**不同点**］恶性卡他热散发，口鼻黏液垂如线可及地面，涎臭，眼结膜角膜发炎，角膜浑浊，头肿大，角松。拉稀恶臭。

3. 蓝舌病与口蹄疫的鉴别诊断

［**相似点**］蓝舌病与口蹄疫均有传染性，体温高（40～41℃），绝食，口黏膜糜烂，流涎，跛行等症状。

［**不同点**］口蹄疫传播迅速，口黏膜先有水疱后糜烂，蹄趾也发生水疱、糜烂，不发生蹄叶炎。

【防制】

1. 预防措施

引进牛只时要严格检疫，避免引入带毒牛。夏季应定期对牛药浴、驱虫，消灭库蠓，及时清理牛场的污水和粪便。在疫区可用弱毒疫苗和灭活疫苗进行免疫接种，可获得1年的免疫力。但对怀孕母牛不能使用弱毒疫苗，应使用灭活疫苗，以免影响胎牛。

2. 发病后措施

一旦发现疫情或检出阳性动物，应立即扑杀病牛和同群牛，对尸体做焚烧或深埋处理。对其污染的环境或用具用3%氢氧化钠溶液等严格消毒。

十三、破伤风

破伤风（强直症）是由破伤风梭菌经伤口感染引起的急性、中毒性传染病。临床特征是畜体骨骼肌呈现持续性的痉挛，对外界刺激的反射兴奋性增高。本病是人畜共患的传染病，发病后病死率很高。

【病原】破伤风梭菌为革兰氏阳性的细长杆菌，无荚膜，有鞭毛，有芽孢，在厌氧条件下可产生痉挛毒素、溶血毒素和非痉挛性毒素等毒性很强的外毒素。其中破伤风痉挛毒素引起该病特征性症状和刺激保护性抗体的产生，溶血毒素能溶解红细胞，引起局部组织坏死，非痉挛性毒素对神经末梢有麻痹作用。破伤风梭菌繁殖体对一般理化因素抵抗力不强，煮沸 5 分钟即可死亡，一般消毒药均能在短时间内将其杀死。但其芽孢具有很强的抵抗力，耐热，在土壤中可存活几十年，5%来苏尔经 5 小时、3%甲醛经 24 小时，方能杀死芽孢。

【流行病学】各种家畜均易感染，其中单蹄兽最易感，猪、牛次之，人也易感。破伤风的主要传染源是土壤和粪便。动物感染最常见于各种创伤，如牛常因去势、断脐、去角、断尾、穿鼻或带鼻环、蹄底脓肿或打耳号等途径感染。本病没有季节性，但夏、秋雨水较多季节，发病较多。本病不能由病畜直接传染给无创伤的健畜，故常呈现零星散发。

【临床症状】潜伏期不定，最短的为 1～3 天（幼畜），最长的可达 40 天以上。牛常由于断脐、阉割而感染，一般是从头部肌肉开始痉挛，瞬膜外露，牙关紧闭，流涎，叫声尖哑，吞咽困难，应激性增高，如有声响或有人走近时肌肉痉挛加剧。病程长短不一，通常 1～2 周。

【实验室检查】取创伤分泌物或坏死组织进行革兰氏染色镜检，并进行细菌分离和鉴定。

【类症鉴别】

1. 破伤风与骨软症的鉴别诊断

［相似点］破伤风与骨软症均有咀嚼缓慢，腰硬，四肢运动强拘等症状。

［不同点］骨软症耳动灵活，牙关不紧，四肢不强直。

2. 破伤风与青草搐搦的鉴别诊断

［相似点］破伤风与青草搐搦均有牙关紧闭，耳直立，尾及后肢强直性痉挛，对触诊、声响过敏等症状。

［不同点］青草搐搦多因夏季采食了雨后青草而发病，病牛突然甩头，盲目乱跑，项和四肢震颤，惊厥呈间歇性发作，倒地四肢划动。

3. 破伤风与木贼中毒的鉴别诊断

［相似点］破伤风与木贼中毒均有感觉过敏，肌肉强直，颈项板硬，不能弯曲，瞳孔散大，呼吸疾速，易惊恐等症状。

［不同点］木贼中毒是因采食问荆、木贼、节节草而发病的。结膜黄染，异嗜，共济失调，两眼半闭，有时狂暴，咬人，卧倒四肢不断划动，后肢陷于麻痹。

4. 破伤风与毒芹中毒的鉴别诊断

［相似点］破伤风与毒芹中毒均有四肢伸直，牙关紧闭，强直性痉挛，瘤胃臌气，流涎，瞳孔散大等症状。

［不同点］毒芹中毒是在牛采食毒芹后1～2小时后发病。初期兴奋不安，腹痛、腹泻，后期躺卧不动，反射消失。

【防制】

1. 预防措施

产房清扫和消毒后，怀孕母牛才能进入产房。清除产房内可能与母牛和牛犊接触的锐利物品以避免外伤。在断脐带、去势时，必须做好局部和器械的消毒。破伤风明矾沉降类毒素1毫升/头，颈部皮下注射，免疫期可达1年以上。

2. 发病后措施

本病必须早发现、早治疗才有治愈的希望。保持环境安静，减少各种刺激。保证充足的清洁饮水；不能采食者，用管给予流质食物。冬季尚应注意保暖。治疗时应采取加强护理、创伤处理和药物治疗等综合措施。

处方1：①清除创中异物、坏死组织等，以3%双氧水或1%高锰酸钾水冲洗，创内应撒布青霉素粉。②苯唑西林钠15～20毫克/(千克体重·次)，肌内注射，2～3次/天，连用5～7天。③破伤风抗毒素（TAT）1.5万～3万国际单位/(头·次)，肌内注射，1次/天，连续应用至症状消失，早期使用疗效较好。

处方2：①清除创中异物、坏死组织等，以3%双氧水或1%高锰酸钾水冲洗，创内应撒布青霉素粉。②破伤风抗毒素（TAT）5万～15万单位/(头·次)，蛛网膜下腔注射。方法是在牛的背正中线的寰枕关节处剪毛消毒，下压头部，即可见有一小凹，以12#长针头缓慢刺入，当刺破硬膜时有刺破窗纸的感觉，然后徐徐将针头推入少许，针尖即达蛛网膜下腔，并有淡黄色脑脊液流出，放出脑脊液10～30毫升，然后注入破伤风抗毒素，一般1次即可治愈。重症者3天后可重复1次。③苯唑西林钠15～20毫克/(千克体重·次)，肌内注射，2～3次/天，连用5～7天。④葡萄糖生理盐水500～2000毫升/次、5%碳酸氢钠100～150毫升/次、25%硫酸镁20～50毫升/次，静脉注射，1～2次/天，使用天数依情况而定。

十四、牛流行热

牛流行热是由牛流行热病毒引起的急性热性传染病，大部分2～3天即恢复正常，故又称“三日热”。主要表现高热，后躯不灵活，呼吸迫促。多良性经过。

【流行病学】病原是流行热病毒，吸血昆虫库蚊和蠓是传播媒介。因此，库蚊和蠓活动季节（8～10月）正是本病发病季节。黄牛、水牛、乳牛均可感染发病。

【临床症状】潜伏期3～7天。体温40℃以上（有的达41℃），呼吸、心跳均增数，精神不振，眼结膜充血，羞明流泪。流鼻液，食欲减退或废绝，反刍停止。尿量少而黄，粪便渐变干。懒于运动，强之运动，后肢强拘，四肢疼痛，显跛行，持续行走跛行稍缓和，但不会消失。有的明显呼吸迫促，每分钟60～80次，呼吸音粗厉。孕牛常有流产。大部分高热维持2天，3天后渐轻，有一部分退热后常继发前胃弛缓，也有极少数发生瘫痪。

曾患过流行热的牛，如再次流行时（尤其流行间歇短时）一般不再感染，即使感染，表现的症状也轻，较少用药即可取得良好效果。病死率1%，也有急性者在发病后20小时死亡。

【病理变化】急性死亡病牛，肺间质气肿，有的肺部充血，肺高度肿胀，间质增厚，内有气泡，压迫肺脏有捻发音。有的肺脏水肿，胸腔有暗红液，两肺肿胀，间质增宽，内有胶冻样浸润，肺脏切面流出大量紫红色液体。气管内有多量泡沫状黏液。

【类症鉴别】

1. 牛流行热与风湿症的鉴别诊断

[**相似点**] 牛流行热与风湿症均体温高（39～40℃），跛行，运动后跛行减轻（尤其流行热初期极像风湿症）。

[**不同点**] 风湿症急性时体温升高，但不超过40℃，且无流行性。一般跛行在运动中会减轻以至消失。食欲有减退不会废绝，呼吸不迫促，不流泪和鼻液。

2. 牛流行热与肺炎的鉴别诊断

[**相似点**] 牛流行热与肺炎均体温高（40℃以上），呼吸迫促，肺音粗厉。

[**不同点**] 肺炎无流行性，不伴发运动强拘和跛行，不流泪。

3. 牛流行热与牛传染性鼻气管炎的鉴别诊断

[**相似点**] 牛流行热与牛传染性鼻气管炎均有传染性。体温高（40℃以上），眼充血、流泪，流鼻液，呼吸增数。

[**不同点**] 牛传染性鼻气管炎多在冬季流行，呼吸型因鼻窦、鼻镜发炎而有红鼻子之称，有咳嗽，鼻黏膜溃烂，有脓性鼻液，呼出气有臭味。流行期有配种者，公、母牛生殖道发炎有脓疱。

【防制】本病因病毒引起，对病毒无特效疗法，但流行热病毒对肺部所引起的病理变化和四肢肌肉疼痛而产生的跛行等症状，只要治疗及时，不使病情恶化或继发其他疾病，一般能很快得到康复。

处方1：有跛行或后躯强拘的病畜，用10%水杨酸钠100～150毫升、40%乌洛托品50毫升、10%安钠咖30毫升、10%葡

萄糖 500 毫升静脉注射，每天 1 次，连用 2 天。或阿斯匹林 20 克，一次服用，每天 2 次，连服 2 天。

处方 2：对呼吸迫促，肺音粗厉的病畜，用四环素 1.5～2 克，含糖盐水 1500 毫升、樟脑磺酸钠 20 毫升、25%维生素 C 8～10 毫升静脉注射，12 小时 1 次，连用 2 天。或青霉素、链霉素各 200 万国际单位肌内注射，12 小时 1 次，连用 2～3 天。

处方 3：荆芥、防风、羌活、前胡、桔梗各 40 克，板蓝根 60 克，柴胡、枳壳、茯苓各 30 克，川芎、生甘草各 20 克，水煎服（荆防排毒散）。有跛行者，加马鞭草、桂枝、木瓜各 30 克，以通经止痛。或柴胡、葛根、黄芩、苦参、豆根、花粉、桔梗、青根、二花、贯仲、荆芥、甘草各 30～50 克。

十五、水牛类恶性卡他热

水牛类恶性卡他热（水牛热）是一种急性发热性传染病，主要症状是病牛发生持续性高热、颌下和颈部水肿和全身败血性病变。

【流行病学】病原是病毒，其特性了解很少。多为散发，自然条件下只有水牛感染，黄牛和驴即使长期接触也不发病。4～6 岁水牛最多见，老牛和犊牛很少发生。全年可发病，盛夏和冬季多发，8～9 月发病数占全年发病数的 80%。山牛是传播本病的媒介，山牛本身不显任何症状。

【临床症状】人工感染潜伏期 39～120 天。病初症状不明显，精神较差，减食，随后鼻流浆性或黏性鼻液，眼结膜高度潮红，流泪，体温 40℃以上且呈稽留热。后期出现异嗜，啃泥土，先在颌下水肿，逐渐蔓延到头颈、胸前、四肢和全身，肩、腹前淋巴结明显肿大，常达鹅卵大，有时站立不肯卧下，鼻黏膜有小点出血，呼吸困难，呼气有臭气，听诊肺有啰音，心跳每分钟80～100次。心悸亢进，背、腹、臀部也可听到心音。血液稀薄，红细胞、白细胞均减少，不易凝固，常见鼻出血不止。有的排恶臭粪，混有血液和黏液。病程，急性3～7天，一般15天左右，长的可延至1个月以上。

【病理变化】 全身出血性水肿，主要在颌下、颈部、胸前呈黄色胶冻样，有时深达肌间结缔组织。全身淋巴结肿大，周围水肿，切面有多数灰白或灰黄粟粒状坏死灶。胸腹腔有黄红色积液，全身浆膜、黏膜出血。肝肿大呈土黄色，质脆易碎，表面和切面可见灰黄色粟状坏死灶，多时布满全肝。胆囊扩张，黏膜有出血和溃疡，充满稠胆汁。脾肿大，包膜紧张，散在出血斑，切面髓质淤血、结构模糊，有灰白色粟状坏死灶。肠系膜水肿，肠内容物混有血液。心包有积液，心包膜及心内外膜均有出血斑点，心肌严重变性。肺体积膨大，有不同程度淤血、水肿、气肿，有卡他性肺炎变化。

【类症鉴别】

1. 水牛类恶性卡他热与牛巴氏杆菌病的鉴别诊断

［**相似点**］水牛类恶性卡他热与牛巴氏杆菌病均有传染性，体温高（40～41℃），流鼻液，眼结膜潮红，粪稀带血液和黏液，颈部、胸前水肿等症状。

［**不同点**］牛巴氏杆菌病肺炎型胸部叩诊有疼痛，听诊有摩擦音。咽喉型咽喉颈部肿胀热痛，流涎，病料镜检可见两极浓染的杆菌。

2. 水牛类恶性卡他热与牛恶性卡他热的鉴别诊断

［**相似点**］水牛类恶性卡他热与牛恶性卡他热均有传

染性，体温高（41～42℃），呼吸快、困难，流鼻液，眼结膜充血、流泪，腹泻含黏液、血液且恶臭，体表淋巴结肿大等症状。

［**不同点**］牛恶性卡他热角膜浑浊甚至穿孔，流脓性或纤维素性分泌物。鼻液浓稠，脓样能形成黄色长线垂及地面。额头隆起，牛角松离。口黏膜坏死、溃烂，流出臭涎，眼羞明流泪，继而发生虹膜炎、角膜炎。

3. 水牛类恶性卡他热与牛瘟的鉴别诊断

［**相似点**］水牛类恶性卡他热与牛瘟均有传染性，体温高（40℃以上），眼鼻发炎，流黏性分泌物，呼吸困难等症状。

［**不同点**］牛瘟传播快，反刍动物均易感，不仅限于水牛。口腔有特征性变化，黏膜红肿，表面有粟粒状或灰白色小点，初坚硬后较软，表面如撒麸，随后连成灰色沉淀物，极易脱落，露出鲜红易出血的边缘不正的糜烂面，演变为深溃疡，流出唾液混有气泡，有时有血液。

【防制】目前尚无有效疗法，如治疗虽可延长病程，但仍不免死亡。也无特异免疫方法，预防本病的有效办法是将水牛与山牛隔离。

十六、牛传染性鼻气管炎

牛传染性鼻气管炎是由牛传染性鼻气管炎病毒引起的一种牛呼吸道传染病，也可引起生殖道感染、结膜炎、脑膜脑炎、流产等疾病。

【病原】牛传染性鼻气管炎病毒（IBRV）在分类地位上属疱疹病毒科甲疱疹病毒亚科。该病毒呈球形，带囊膜，直径130～180纳米。对乙醚和酸敏感，于pH7.0的溶液中很稳定。4℃下经30天保存，其感染滴度几乎无变化；22℃保存5天感染滴度下降10倍；－70℃保存的病毒，可活存数年。许多消毒药都可使其灭活。

【流行病学】病牛和带病毒牛是主要的传染源，接触传染，交配和人工授精也可传染，主要在秋、冬寒冷季节流行。

【临床症状】潜伏期4～6天。体温40℃以上，沉郁拒食，黏膜高度充血，流多量黏脓性鼻液，出现浅溃疡，鼻窦、鼻镜充血（称红鼻子）。鼻液多时呼吸困难，呼出气有臭气，有咳嗽。有时可见拉稀带血。乳牛产奶量减少至完全停止，病程不延长（5～7天）则可恢复产奶量，大多病程10天以上。重症数小时死亡，严重流行时发病率75%以上，但死亡率在10%以下，一般感染率不高，如新西兰只有1%～3%发病。

公牛（生殖系感染型）潜伏期2～3天。沉郁，不食。生殖器黏膜充血，轻症1～2天消退而恢复。严重时发热，包皮、阴茎上生脓随之包皮肿胀及水肿，如再感染细菌则更严重，10～14天开始恢复。

母牛（生殖系感染型）潜伏期1～3天。初发热（40℃以上），沉郁，无食欲，尿频有痛感，产乳量下降。阴门、阴道黏膜充血，阴道底部有不等的无臭黏性分泌物并流出。阴门黏膜出现白色并发展为脓疱，大量小脓疱随后使阴户前庭及阴道壁呈现有特征性的颗粒状外观，继而形成一个广泛的坏死膜。当擦掉或脱落后留下一个鲜红的表面。常经10～14天痊愈，孕畜的胎儿通过母牛

而感染，7～10天死亡，24～48小时后流产。

【病理变化】（呼吸系型）咽喉、气管、大支气管黏膜高度发炎，有浅溃疡，并覆有腐臭黏液性、脓性分泌物。常有皱胃发炎和溃疡。

【类症鉴别】

1. 牛传染性鼻气管炎与肺坏疽的鉴别诊断

［**相似点**］牛传染性鼻气管炎与肺坏疽均有体温高（39～40℃），咳嗽，流鼻液，呼气臭等症状。

［**不同点**］肺坏疽无传染性，病前有误咽或投药的情况，而后出现呼吸增数，肺听诊有啰音、水泡音，咳嗽或低头时即流大量鼻液，镜检鼻液（咳出物）可见弹力纤维。牛传染性鼻气管炎鼻窦、鼻镜高度发炎称红鼻子，有时拉稀见血。

2. 牛传染性鼻气管炎与副鼻窦炎的鉴别诊断

［**相似点**］牛传染性鼻气管炎与副鼻窦炎均有流鼻液有臭气，呼吸困难等症状。

［**不同点**］副鼻窦炎无传染性，一般体温不高，不咳嗽，副鼻窦叩诊有浊音，常为一侧流鼻液，鼻镜不红，鼻黏膜不出现浅溃疡。

3. 牛传染性鼻气管炎与恶性卡他热的鉴别诊断

［**相似点**］牛传染性鼻气管炎与恶性卡他热均有传染性，体温高（40～41℃），流鼻液，鼻有溃疡，呼吸困难，有泻痢。

［**不同点**］恶性卡他热有脓性鼻炎，角膜也发炎甚至穿孔，口腔、颊部、齿龈发生灰白丘疹，上覆黄色假膜，口有恶臭，鼻镜糜烂坏死。

4. 牛传染性鼻气管炎（母牛）与布鲁菌病的鉴别诊断

[**相似点**] 牛传染性鼻气管炎（母牛）与布鲁菌病均有流行性，阴道流分泌物，孕畜流产。

[**不同点**] 布鲁菌病易感动物多。不同时流行呼吸型病，阴门流的分泌物灰白色或灰色，流产后污灰色或棕红色，阴道黏膜有粟粒大结节。流产的胎衣有黄色胶冻样浸润，有点状出血。

5. 牛传染性鼻气管炎（母牛）与牛胎毛滴虫病的鉴别诊断

[**相似点**] 牛传染性鼻气管炎（母牛）与牛胎毛滴虫病均是阴道黏膜红肿有小结节，流分泌物，孕畜流产。

[**不同点**] 牛胎毛滴虫病阴道黏膜有密集而硬的毛滴虫小结节，触摸粗糙如同砂纸。不会转为脓疱和灰色坏死灶，从分泌物涂片镜检中可检出胎毛滴虫。

6. 牛传染性鼻气管炎（母牛）与阴道炎的鉴别诊断

[**相似点**] 牛传染性鼻气管炎（母牛）与阴道炎均有阴道黏膜肿胀，流分泌物等症状。

[**不同点**] 阴道炎无流行性，阴道黏膜无白色病灶和坏死膜。

7. 牛传染性鼻气管炎（公牛）与布鲁菌病的鉴别诊断

[**相似点**] 牛传染性鼻气管炎（公牛）与布鲁菌病均有传染性，发热，阴茎肿胀。

[**不同点**] 牛布鲁菌病睾丸、附睾肿胀、热痛，阴茎包皮不发生脓疱。布鲁菌血清凝集反应阳性。

8. 牛传染性鼻气管炎（公牛）与牛结核病的鉴别诊断

[**相似点**] 牛传染性鼻气管炎（公牛）与牛结核病均

有传染性，发热，阴茎有小结节糜烂。

［**不同点**］牛结核病睾丸、附睾肿大，有干咳气喘，体表淋巴结肿大。结核菌素检验阳性。牛传染性鼻气管炎（公牛）通过配种而发生本病，阴茎充血，发现脓疱。

9. 牛传染性鼻气管炎（公牛）与包皮炎的鉴别诊断

［**相似点**］牛传染性鼻气管炎（公牛）与包皮炎均有包皮肿胀，流脓性分泌物。

［**不同点**］包皮炎无传染性，阴茎不发生炎肿，不发生脓疱。

10. 牛传染性鼻气管炎（公牛）与牛胎毛滴虫病的鉴别诊断

［**相似点**］牛传染性鼻气管炎（公牛）与牛胎毛滴虫病均有包皮肿胀。

［**不同点**］牛胎毛滴虫病阴茎生小结节，不生小脓疱，生理盐水冲洗液中可检出牛胎毛滴虫。牛传染性鼻气管炎（公牛）也有呼吸型症状出现，通过配种而发生本病，阴茎充血，发现脓疱。

【防制】本病无有效疗法。配种前应检查公牛是否有病。发现病牛立即隔离，并在流行区进行弱毒疫苗防疫。通过鼻腔洗涤物或流产胎儿胸腔液进行分离确定病毒，再用弱毒苗肌注两次，免疫期6～12个月，用灭活菌苗免疫，免疫期6个月。

十七、炭疽

炭疽是由炭疽杆菌引起的人及动物共患的急性、败血性传染病，常呈散发或地方性流行。临床特征是突然发生高热、可视黏膜发绀、天然孔出血、尸僵不全。剖检可见血液凝固不良，呈煤焦油样，脾脏显著肿大等。

【病原】 炭疽杆菌属芽孢杆菌科芽孢杆菌属。革兰氏染色阳性，两端平直，在动物体内为单个、成双或3～5个菌体相连的短链。可形成芽孢。炭疽杆菌菌体对外界理化因素的抵抗力不强，但芽孢则有坚强的抵抗力，120℃需5～10分钟才能杀死全部芽孢。0.1%氯化汞、0.5%过氧乙酸等可在5分钟内将其杀死。炭疽芽孢对碘特别敏感，1∶25000稀释的碘液10分钟即可杀死芽孢。

【流行病学】 各种家畜、野生动物对炭疽杆菌都有不同程度的易感性。其中以马、牛、绵牛、山牛及鹿的易感性最强。人对炭疽杆菌也很易感，可经皮肤、消化道等途径浸入人体，呼吸道发生相应的皮肤型炭疽、肠炭疽或肺炭疽。炭疽病畜是本病的主要传染源，本病主要经消化道、皮肤伤口、呼吸道感染，其次是通过带有炭疽杆菌的吸血昆虫叮咬而感染。本病通常仅以散发形式出现。夏季炎热多雨，吸血昆虫增多，本病多发。潜伏期一般为1～5天。

【临床表现】 体温升高至42℃，表现兴奋不安，吼叫或顶撞人、畜、物体，继之变为虚弱，食欲、反刍、泌乳减少或停止，呼吸困难，初便秘后拉稀带血，尿赤有时混有血液，常有轻度臌气，孕牛多流产，一般1～2天死亡。病情较缓者在颈、咽、胸、腹下、肩胛或乳房等部皮肤、直肠或口腔黏膜发生炭疽痈。为防止扩大散播病原，造成新的疫源地，怀疑为炭疽病时应禁止剖检。

【实验室检查】 细菌学检查和血清学检查，可作出确

切诊断。

【类症鉴别】

1. 炭疽与恶性水肿的鉴别诊断

[**相似点**] 炭疽与恶性水肿均有传染性，体温高（40℃左右），颈胸肿胀，先有热痛后无热痛，呼吸困难，眼结膜发绀，食欲反刍废绝。

[**不同点**] 恶性水肿的病原是梭菌，由伤口感染，按压肿胀部有捻发音，针刺流淡黄或红褐色含气泡腥臭液，涂片镜检有长丝状菌体。

2. 炭疽与牛传染性胸膜肺炎的鉴别诊断

[**相似点**] 炭疽与牛传染性胸膜肺炎均有传染性，体温高（40～42℃），呼吸困难，初便秘。

[**不同点**] 牛传染性胸膜肺炎的病原是丝状支原体。有频繁干咳，胸部叩诊有痛感，听诊有摩擦音，鼻流浆性、脓性鼻液。

3. 炭疽与牛巴氏杆菌病的鉴别诊断

[**相似点**] 炭疽与牛巴氏杆菌病均有传染性，体温高（41～42℃），废食，呼吸困难，震颤，先便秘后腹泻。

[**不同点**] 牛巴氏杆菌病的病原是巴氏杆菌。败血型有时咳嗽、呻吟，粪稀、有恶臭。拉稀后体温下降，迅即死亡。肺炎型流鼻液，胸部叩诊疼痛，咳嗽。咽喉型咽喉部肿胀，有热痛，流涎，病料涂片镜检可见两极浓染的杆菌。

【防制】

1. 预防措施

（1）销毁病尸　屠宰厂应加强对屠宰猪只的检疫工

作，屠宰厂和动物医院发现炭疽病牛，应立即采取封锁、消毒、毁尸的坚决措施。

（2）严格消毒　牛场应制定严格的消毒防病措施，场区及牛畜舍、饲养用具等每天应以聚维酮碘1%水溶液、0.5%过氧乙酸水溶液等进行消毒。

（3）预防接种　第Ⅱ炭疽芽孢苗1毫升/头，颈部皮下注射，免疫期1年。

2. 发病后措施

患炭疽病的动物一般不进行治疗，而销毁。发病较多的牛场，进行治疗时，必须在严格隔离条件下进行，所有与病牛接触的人员要加强个人防护，以防感染。

处方1：①苯唑西林钠15～20毫克/(千克体重·次)，2～3次/天，肌内注射，连用5～7天。②硫氰酸红霉素可溶性粉5毫克/(千克体重·次)，3次/天，全群混饮，连用5～7天。

处方2：①病初应用抗炭疽血清50～120毫升/(头·次)，肌内或静脉注射，1次/天，连用3天，必要情况下可增加用量或注射次数。②头孢曲松钠注射液0.1毫升/千克体重，肌内注射，1次/天，连用5～7天。③阿莫西林可溶性粉10～15毫克/(千克体重·次)，全群混饮，2次/天，连续应用5～7天。

十八、恶性水肿

恶性水肿是由以腐败梭菌为主的多种梭菌引起的多种动物的一种经创伤感染的急性传染病，病的特征是创伤局部发生急剧气性炎性水肿，并伴有发热和全身性毒血症。

【病原】 腐败梭菌属，其他梭菌如水肿梭菌、魏氏梭菌即产气荚膜梭菌、诺维氏梭菌、溶组织梭菌等也参与

致病作用。腐败梭菌为严格厌氧的革兰氏阳性菌。菌体粗大，两端钝圆，无荚膜，有周鞭毛，能形成芽孢。在培养物中菌体单在或呈短链状（在诊断上有一定参考价值）。腐败梭菌的繁殖体抵抗力不强，常用的消毒剂和消毒方法很容易将其杀死；但其芽孢的抵抗力则很强，在腐败的尸体内可存活 3 个月，在液体培养基中可耐煮沸 5～12 分钟，在干燥的肌肉内于室温下可存活多年，2% 石炭酸对其无作用。

【流行病学】多为散发。自然条件下，绵牛、马较多见，牛、猪、山牛也可发生，犬、猫不能自然感染；实验动物中的家兔、小鼠和豚鼠均易感。主要经创伤感染，尤其是较深的创伤，造成缺氧更易发病。如食入多量芽孢，除绵牛和猪可感染外，对其他动物一般无致病作用。其传染主要是由于外伤，如去势、断尾、分娩、外科手术、各种注射等的消毒不严，污染本菌芽孢而引起感染。潜伏期一般为 12～72 小时。

【临床症状】食欲不振，体温升高，局部发生气性炎性水肿，并迅速扩散蔓延，肿胀部坚实，灼热、疼痛，渐变无热痛，触之柔软。

【病理变化】肿胀部皮下及肌肉间的结缔组织中有酸臭的、含有气泡的淡黄或红黄色液体浸润。肌肉松软似煮肉样，病变严重者呈暗红或暗褐色。胸、腹腔积有多量淡红色液体。肺脏严重淤血、水肿。心脏扩张，心肌柔软，呈灰红色。肝、肾淤血、变性。脾脏质地变软，从切面可刮下大量脾髓。如经产道感染，剖检还可见子宫壁水肿，黏膜肿胀并覆以恶臭的糊状物。骨盆腔和乳房上淋巴结肿大，切面多汁，有出血。

镜下，肌纤维与肌内膜被水肿液分开，水肿液中蛋白质含量少，肌间组织细胞无反应，中性粒细胞很少。肌纤维变性，病变深部肌纤维常断裂、液化。

【实验室检查】 进行细菌分离鉴定或免疫荧光抗体确诊。

【类症鉴别】

1. 恶性水肿与牛气肿疽的鉴别诊断

［**相似点**］恶性水肿与牛气肿疽均有传染性。局部肿胀，初热痛，后冷软无痛，按压有捻发音，体温高（41～42℃），绝食，呼吸困难。

［**不同点**］牛气肿疽的病原是气肿疽梭菌，仅黄牛多发，马、骡不感染，多发生在四肢上部多肌肉部，叩之鼓音，捻发音明显，切口流带酸臭液，有跛行。胸腔液培养后染色镜检，可见革兰氏阴性极为细小的多形性菌体。

2. 恶性水肿与炭疽（皮肤型）的鉴别诊断

［**相似点**］恶性水肿与炭疽均有传染性。体温高（41～42℃），呼吸困难，黏膜发绀，皮肤肿胀部初硬有热痛，后冷无热痛。

［**不同点**］炭疽的病原是炭疽杆菌，用青霉素治疗1～2天即可痊愈，肿胀无捻发音。血检可见炭疽杆菌。

3. 恶性水肿与巴氏杆菌病（浮肿型）的鉴别诊断

［**相似点**］恶性水肿与巴氏杆菌病均有传染性。体温高（41～42℃），肿胀初热痛，后变冷，痛减轻，呼吸困难。

［**不同点**］巴氏杆菌病的肿胀部无捻发音，肿胀多在

咽喉、胸前。血检可见两极浓染的小杆菌。

【防制】

1. 预防措施

在分娩、断脐带、去势时，必须做好局部和器械的消毒。当牛发生外伤时，要对外伤进行清理，然后撒布青霉素，对预防本病的发生甚为有效。

2. 发病后措施

处方1：①清除创中异物、坏死组织等，以3%双氧水或1%高锰酸钾水冲洗，创内应撒布青霉素粉。②苯唑西林钠15～20毫克/(千克体重·次)，肌内注射，2～3次/天，连用5～7天。③葡萄糖生理盐水1500～2500毫升、5%碳酸氢钠100～150毫升、复方康福那心注射液20毫升/次，静脉注射，1～2次/天，使用天数依情况而定。

处方2：①清除创中异物、坏死组织等，以3%双氧水或1%高锰酸钾水冲洗，创内应撒布青霉素粉。②葡萄糖生理盐水1000～2500毫升、5%维生素C 30～50毫升、复方康福那心注射液20毫升/次，静脉注射，1～2次/天，使用天数依情况而定。③氨苄西林0.5～1.5克、复方氨基比林注射液5～10毫升/次，肌内注射，2～3次/天，连用5～7天。

十九、大肠杆菌病

大肠杆菌是人畜肠道内的正常栖居菌，其中的某些致病菌株，可引起畜、禽，特别是幼畜、幼禽的大肠杆菌病，使患病动物发生严重腹泻或败血症，使患病动物生长停滞或死亡。

【病原】病原为某些血清型的致病性大肠杆菌，革兰氏染色阴性，与非致病性大肠杆菌在培养特性和生化反应等方面没有区别，但抗原构造不同。根据大肠杆菌O抗原、K抗原和H抗原组合的不同，可将本菌分成不同的血清型。致病性大肠杆菌具有多种毒力因子，主要产生内毒素、外毒素（肠毒素）、大肠杆菌素等。本病对外界环境因素抵抗力不强，50℃经30分钟、60℃经15分钟即可死亡，常用的消毒剂均可将其杀灭。

【流行病学】本病多发生于10日龄以内的犊牛。病牛和带菌牛是主要传染源，通过粪便排出病菌，污染水源、饲料、母牛的乳房及皮肤等，主要经消化道感染，亦可经子宫和脐带感染。一年四季均可发生，以冬春舍饲时多发。牛舍潮湿、寒冷、通风换气不足、气候突变、拥挤、场地污秽、生后未食初乳、饲养用具及环境消毒不彻底等因素，均可促使本病发生。

【临床症状和病理变化】犊牛大肠杆菌病是由大肠杆菌引起的初生犊牛（10日龄以内）急性、高度致死性的传染病。根据症状和病理变化可分成败血型和肠型两种。

败血型潜伏期很短，仅几个小时。病犊体温高达40℃，精神沉郁，食欲减退或废绝，由肛门排出混有血块、血丝和泡沫的灰白色稀粪，迅速脱水，经1～2天虚脱而死亡。胃肠黏膜呈现出血性炎症变化，肠系膜淋巴结充血、肿大。肠型体温变化不大，主要表现为腹泻和机体脱水，如不及时治疗常发生虚脱死亡。

【实验室检查】进行细菌学检查：败血型取内脏、血液组织，肠型为发炎的肠黏膜，直接涂片镜检。对分离培养出的大肠杆菌应进行血清型鉴定。

【类症鉴别】

1. 大肠杆菌病与犊牛沙门氏菌病的鉴别诊断

［**相似点**］大肠杆菌病与犊牛沙门氏菌病均有体温高（40～41℃），拉稀，粪黄色混有黏液、血液，有关节炎等症状。

［**不同点**］犊牛沙门氏菌病病原是沙门氏菌，多数10～14日龄以后发病，粪液状，灰黄色，混有黏液和血丝，体温较高（40～41℃），5～7天内死亡，死亡率50%。

2. 大肠杆菌病与犊牛衣原体病的鉴别诊断

［**相似点**］大肠杆菌病与犊牛衣原体病均有体温高（40～41℃），拉稀，沉郁等症状。

［**不同点**］犊牛衣原体病的病原是衣原体，发病年龄较大（6月龄前），流鼻液，流泪，咳嗽，后有支气管炎。

3. 大肠杆菌病与犊牛轮状病毒感染的鉴别诊断

［**相似点**］大肠杆菌病与犊牛轮状病毒感染均是出生后10天内发病，冬春多发，拉稀。

［**不同点**］犊牛轮状病毒感染的病原是轮状病毒，粪黄色，液状或灰暗水样，有时带血，发病率高，死亡率低（1%～4%）。电镜检出率高。

4. 大肠杆菌病与犊牛新蛔虫的鉴别诊断

［**相似点**］大肠杆菌病与犊牛新蛔虫均拉稀，粪灰白色。

［**不同点**］犊牛新蛔虫的病原是蛔虫。体温不高，眼结膜苍白，粪有特殊腥臭味，口腔有特殊臭气，消瘦，被毛粗乱，1～5月龄犊牛粪检有虫卵。

5. 大肠杆菌病与犊牛肠炎的鉴别诊断

［**相似点**］大肠杆菌病与犊牛肠炎均体温高（40℃），

拉稀。

[**不同点**] 犊牛肠炎粪中有黏液、血液，不含凝乳块、凝血块及泡沫，粪腥臭而无酸败气味。不并发关节炎、脐炎、肺炎。无传染性。

6. 大肠杆菌病与犊牛消化不良的鉴别诊断

[**相似点**] 大肠杆菌病与犊牛消化不良均为初生犊牛发病，拉稀，粪中有凝乳块。

[**不同点**] 犊牛消化不良无传染性，体温正常或偏低，15 日龄以上粪黄色、灰黄色、污绿色，15 日龄以内有奶瓣。中毒时体温升高，震颤、搐搦、昏迷。

【防制】

1. 预防措施

母牛进入产房前、产房及临产母牛要进行彻底消毒。产前 3～5 天对母牛的乳房及腹部皮肤用 0.1%高锰酸钾擦拭，哺乳前应再重复 1 次。在有本病存在的牛场，在母牛产前 2～3 天应用大蒜素 5 克/(头・天)，拌料内服，连续用至产后 7 天，可有效地防止犊牛发生感染。犊牛出生后立即喂服地衣芽孢杆菌 2～5 克/次，3 次/天，或乳酸菌素片 6 粒/次，2 次/天，可获良好预防效果。

2. 发病后措施

犊牛大肠杆菌病以发病急、死亡快为特征，临床上必须采取综合治疗措施方能奏效。

处方 1：①病牛犊以乳酸环丙沙星注射液 5 毫克/(千克体重・次)，肌内注射，2 次/天。②病牛犊以硫酸黏菌素预混剂 5～10 毫克/(千克体重・次)（按硫酸黏菌素计），灌服，1～2 次/天，连用 3～5 天。③口服补液盐，打开大塑料袋，将两小袋

药品同时放入1000毫升的温开水（30℃左右）中，完全溶解后，供病牛犊饮用。④母牛以白头翁散200～250克/(头·次)，加红糖100克，1次/天，灌服，连用3～5天。

处方2：①母牛以白头翁散200～250克/(头·次)，加红糖100克，1次/天，灌服，连用3～5天。②病牛犊以硫酸黏菌素预混剂5～15毫克/(千克体重·次)（按硫酸黏菌素计），灌服，1～2次/天，连用3～5天。③病牛犊以林格尔液250～1500毫升、庆大-小诺霉素注射液0.5～1毫升/千克体重、复方康福那心注射液10～15毫升、5%维生素C 8～10毫升，静脉注射，1～2次/天，连续应用3～5天。

二十、沙门氏菌病

牛沙门氏菌病是由沙门氏菌属病菌引起的一种传染病。临床上以败血症、胃肠炎、肺炎和关节炎为特征。

【病原】沙门氏菌属的鼠伤寒沙门菌、都柏林沙门菌和纽波特沙门菌。为革兰氏染色阴性的短杆菌或球杆菌，可产生毒性较强的毒素。沙门氏菌血清型繁多，我国发现的血清型约有200个。沙门氏菌对干燥、腐败、日光等因素具有较强的抵抗力，在外界环境中可存活数周或数月，但对化学消毒剂抵抗力不强，一般常用消毒剂和消毒方法均能将其杀灭，如3%石炭酸、0.1%氯化汞、3%来苏尔等，均可在15～20分钟将其杀死。直射阳光可迅速杀死沙门氏菌，加热75℃5分钟可杀死沙门氏菌。

【流行病学】本病可发生于任何年龄的牛，但以10～40日龄的犊牛最易感。病牛和带菌牛是主要传染源。病牛排出的粪便污染饲料、饮水，主要经消化道传播。未哺初乳、乳汁不良、断奶过早，或过分拥挤、粪便堆积、长途运输、气候恶劣、寒冷潮湿、病毒和细菌感染、寄生虫的侵袭等因素可促使本病的发生和传播。一年四季均可发生，但以春、冬季和多雨潮湿的秋季发生最多。

【临床症状和病理变化】

（1）牛沙门氏菌病。体温突然升高至 40～41℃，神经不振，食欲废绝，呼吸困难，12～24 小时后开始下痢，粪便带血、恶臭，含有纤维素絮片、黏膜。病牛可于发病后 24 小时内死亡，多数在3～5 天内死亡。肠黏膜潮红、出血，大肠黏膜脱落，有局限性坏死区。脾脏肿大，呈暗红色，肠系膜淋巴结肿大、出血。

（2）犊牛副伤寒。多于生后 2～14 天内发病，体温升高至 40～41℃，精神不振，寒战，24 小时后排出灰黄色液状稀粪，混有黏液和血液。一般于症状出现后 5～7 天内死亡。病情缓和者，腕和跗关节可能肿大，有的可有支气管炎和肺炎症状。急性者心壁、腹膜、腺胃、小肠和膀胱黏膜有小出血点，脾脏肿大、出血，肠系膜淋巴结肿大、出血。肝脏色泽变淡，肺常有肺炎区，关节损害时，腱鞘和关节腔含有胶样液体。

【实验室检查】 进行沙门氏菌的分离和鉴定。

【类症鉴别】

1. 牛沙门氏菌病与牛黏液膜性肠炎的鉴别诊断

［**相似点**］牛沙门氏菌病与牛黏液膜性肠炎均有腹痛，下痢，心跳、呼吸增数等症状。

［**不同点**］牛黏液膜性肠炎体温不太高，排出管状或索状黏液膜后症状即减轻。

2. 牛沙门氏菌病与牛血吸虫病的鉴别诊断

［**相似点**］牛沙门氏菌病与牛血吸虫病体温高（40℃以上），精神萎靡，拉稀含有血液、黏液，有恶臭。

［**不同点**］牛血吸虫病的病程较长，后急里重，眼结膜苍白，粪检可见虫卵。

3. 牛沙门氏菌病与牛副结核病的鉴别诊断

［**相似点**］牛沙门氏菌病与牛副结核病均有拉稀，粪中含血液、黏液，有恶臭等症状。

［**不同点**］牛副结核病的病原为副结核菌。下颌、垂皮有水肿，体温不高，不出现腹痛，病程较长，腹泻间断发生，结核菌素检验反应阳性。

4. 牛沙门氏菌病与无机氟化物中毒的鉴别诊断

［**相似点**］牛沙门氏菌病与无机氟化物中毒均有腹痛、腹泻。

［**不同点**］无机氟化物中毒多在矿区、炼铝厂及磷肥、氟化盐厂附近发病，流涎呕吐，肌肉震颤，阵发性强直痉挛，慢性关节肿大。

5. 牛沙门氏菌病与牛蕨中毒的鉴别诊断

［**相似点**］牛沙门氏菌病与牛蕨中毒体温高（40～41℃），腹痛，拉稀，粪中含血。

［**不同点**］牛蕨中毒因采食蕨而发病，粪呈褐红色糊状，并有血尿。

6. 牛沙门氏菌病与牛夹竹桃中毒的鉴别

［**相似点**］牛沙门氏菌病与牛夹竹桃中毒均有吃草、反刍减少或废绝，腹痛，拉稀，粪中含血等症状。

［**不同点**］牛夹竹桃中毒是因吃夹竹桃而发病的，体

温不高，粪腥臭而不是恶臭，心动缓慢、有间歇，呼吸困难，听诊肺泡音粗厉。

7. 犊牛副伤寒与犊牛消化不良的鉴别诊断

［**相似点**］犊牛副伤寒与犊牛消化不良均是生后 15 天内发病，拉稀。

［**不同点**］犊牛消化不良无传染性，体温不高，粪中含有奶瓣，15 日龄以上排粥样黄色粪（或灰黄色、污绿色），中毒性有震颤、抽搐、昏迷。

8. 犊牛副伤寒与犊牛肠炎的鉴别诊断

［**相似点**］犊牛副伤寒与犊牛肠炎均有体温高（40℃），拉稀，粪中有黏液和血液，心跳、呼吸增数等症状。

［**不同点**］犊牛肠炎无传染性和支气管肺炎，关节不肿大。

9. 犊牛副伤寒与犊牛新蛔虫的鉴别诊断

［**相似点**］犊牛副伤寒与犊牛新蛔虫均有拉稀，粪中混有血液，有时有支气管炎等症状。

［**不同点**］犊牛新蛔虫无传染性，体温不高，粪灰白色，眼结膜充血，口有特殊臭气，1～5 月龄粪检有虫卵。

10. 犊牛副伤寒与犊牛轮状病毒感染的鉴别诊断

［**相似点**］犊牛副伤寒与犊牛轮状病毒感染均在生后不久（1 周内）发病，拉稀，水样灰黄色。

［**不同点**］犊牛轮状病毒感染发病多在 1～10 日龄。体温正常或稍高，发病率虽高，死亡率仅 1%～4%。电镜检出率高。

11. 犊牛副伤寒与犊牛衣原体病的鉴别诊断

［**相似点**］犊牛副伤寒与犊牛衣原体病体温高（40～

41℃），沉郁，拉稀，有支气管炎。

[**不同点**] 犊牛衣原体病多发于6月龄内的犊牛，鼻流浆性分泌物，流泪，咳嗽。血液和内脏可分离出衣原体。

12. 犊牛副伤寒与犊牛大肠杆菌病（肠型）的鉴别诊断

[**相似点**] 犊牛副伤寒与犊牛大肠杆菌病（肠型）均体温高（40℃），饮食废绝，拉稀，有关节炎、肺炎。

[**不同点**] 犊牛大肠杆菌病（肠型）败血型仅发热、委顿，几小时死亡；肠型排黄白色粥样或灰白色水样粪，含有凝乳块、凝血块和泡沫，有酸臭气味，下痢后体温正常，末期腹痛、肛门失禁。

【防制】

1. 预防措施

认真搞好饲养管理和卫生工作，消除发病的应激因素。牛副伤寒氢氧化铝菌苗，肌内注射，1岁以下每头2毫升/次，1岁以上每头4毫升/次（10天后再以同样剂量注射1次）。注意个人防护。为防止本病从病牛和病死牛传染给人，牛场管理人员、饲养员、技术人员、屠宰人员和肉品经营人员应注意个人防护，加强消毒工作，严防受到感染。

2. 发病后措施

牛沙门氏菌病的治疗应用处方1、处方2；犊牛副伤寒的治疗应用处方3、处方4。

处方1：①乳酸环丙沙星注射液5毫克/(千克体重·次)，肌内注射，2次/天。②白头翁散200～500克，加红糖100克，温开水拌匀，灌服，1次/天，连用3～5天。③将1份量口服补液盐放入1000毫升的温开水（30℃左右）中，完全溶解后，供病牛饮用。

处方 2：①白头翁散 200～500 克，加红糖 100 克，温开水拌匀，灌服，1 次/天，连用 3～5 天。②硫酸安普霉素注射液 20 毫克/(千克体重·次）（按硫酸安普霉素计），肌内注射，2 次/天，连续应用 3～5 天。③将 1 份量口服补液盐放入 1000 毫升的温开水（30℃左右）中，完全溶解后，供病牛饮用。④林格尔液 1000～2500 毫升、复方康福那心注射液 20 毫升、5% 维生素 C 30～50 毫升，静脉注射，1～2 次/天，连续应用 3～5 天。

处方 3：①林格尔液 250～1000 毫升、庆大-小诺霉素注射液 0.5～1 毫升/千克体重、复方康福那心注射液 5～10 毫升、5%维生素 C 4～10 毫升，静脉注射，1～2 次/天，连续应用 3～5 天。②以硫酸黏菌素预混剂 5～15 毫克/(千克体重·次）（按硫酸黏菌素计），灌服，1～2 次/天，连用 3～5 天。③将 1 份量口服补液盐放入 1000 毫升的温开水（30℃左右）中，完全溶解后，供犊牛饮用。

处方 4：①林格尔液 250～1000 毫升、乳酸环丙沙星注射液 5 毫克/(千克体重·次)、复方康福那心注射液 5～10 毫升、5%维生素 C 4～10 毫升，静脉注射，1～2 次/天，连续应用 3～5 天。②犊牛以硫酸新霉素预混剂 100～150 克/次，温水调灌服，1～2 次/天，连用 3～5 天。③将 1 份量口服补液盐放入 1000 毫升的温开水（30℃左右）中，完全溶解后，供犊牛饮用。

二十一、巴氏杆菌病

牛巴氏杆菌病又称出血性败血症，是由多杀性巴氏杆菌引起的传染性疾病。

【病原】多杀性巴氏杆菌革兰氏阴性，是一个两端钝圆、中央微凸的短杆菌。血或脏器涂片，用瑞氏、姬姆萨或美兰染色，具有两极浓染的特征。多杀性巴氏杆菌

的抵抗力不强，在直射阳光下经10～15分钟死亡；在粪便中14天死亡，如堆积发酵则2天即可死亡；60℃加热1分钟死亡；常用消毒剂都可在数分钟内将其杀死。

【流行病学】巴氏杆菌常存在于健康牛的上呼吸道，呈健康带菌状态，当饲养管理不当、营养不良、饲养密度过大、长途运输、过度疲劳、卫生状况不良等因素引起机体抵抗力下降时，细菌大量繁殖而致病，并成为传染源。病原主要通过病牛分泌物、排泄物排出体外，主要通过污染的饲料和饮水经消化道传染，还可通过飞沫经呼吸道传染，偶尔可经损伤的皮肤黏膜或吸血昆虫的叮咬而传播。本病的发生无明显的季节性，但以冷热交替、闷热潮湿的多雨季节发生较多。常呈地方性流行。

【临床表现和病理变化】潜伏期2～5天，根据病情可分为败血型、浮肿型和肺炎型。

（1）败血型　体温升高达41～42℃，食欲废绝，病牛表现腹痛，开始下痢，粪便初为粥状，后呈液状，混有黏液、黏膜片，有恶臭，鼻孔内流出浆液性鼻液，常带有血丝。体温随之下降，迅速死亡，病程多为12～24小时。全身淋巴结肿大，为浆液性出血性炎，胸腹腔内有大量渗出液。

（2）浮肿型　在颈部、咽部及胸前皮下出现炎性水肿，发热，舌根部肿胀，呼吸困难，头颈伸直，舌呈暗红色伸出口外，鼻有黏性鼻液，有时混有血液。初便秘后腹泻，食欲减退或废绝，往往因窒息而死，病程24～36小时。在颈部、咽部皮下有浆液性浸润，咽淋巴结、颈前淋巴结高度肿胀，上呼吸道黏膜潮红。肺有不同程度的肝变区，周围常伴有水肿和气肿，胸膜常有纤维素附着物与肺发生粘连。

（3）肺炎型　呈纤维素性胸膜肺炎症状，鼻孔不时流出黏性或脓性分泌物，胸部触诊有痛感。精神不振，食欲较差，时发腹泻，进行性消瘦，终因衰竭而亡，病程3～7天。肺有不同程度的肝变区，周围常伴有水肿和气肿，胸膜常有纤维素附着物与肺发生粘连。

【实验室检查】病料涂片镜检、细菌分离培养和动物试验确诊。

【类症鉴别】

1. 巴氏杆菌病与喉炎的鉴别诊断

［**相似点**］巴氏杆菌病与喉炎喉部肿胀有热痛，咳嗽、呼吸困难。

［**不同点**］喉炎无传染性，不发生高温，皮肤、舌不发绀。

2. 巴氏杆菌病与支气管肺炎的鉴别诊断

［**相似点**］巴氏杆菌病与支气管肺炎均体温高（39.5～41℃），初干咳后湿咳，流鼻液，呼吸增数、困难。

［**不同点**］支气管肺炎无传染性，叩诊有浊音区，无痛感。末期鼻液增多，但不出现泡沫样鼻液。排粪无恶臭。

3. 巴氏杆菌病与大叶性肺炎的鉴别诊断

［**相似点**］巴氏杆菌病与大叶性肺炎均体温高（40～41℃），呼吸迫促、困难，咳嗽，叩诊胸部有浊音区，叩诊有疼感。

［**不同点**］大叶性肺炎无传染性，流锈色或黄红鼻液，全病程分四个期。

4. 巴氏杆菌病与牛传染性胸膜肺炎（牛肺疫）的鉴别诊断

［**相似点**］巴氏杆菌病与牛传染性胸膜肺炎（牛肺炎）均有传染性，体温高（40～42℃），呼吸快、困难，胸部叩诊有浊音区和疼痛，流鼻液。

［**不同点**］牛传染性胸膜肺炎鼻液先稀后脓，不流泡沫样鼻液，肺部听诊有摩擦音，垂皮、胸前有浮肿。病料涂片镜检可见极为细小的多形性丝状支原体。

5. 巴氏杆菌病与炭疽的鉴别诊断

［**相似点**］巴氏杆菌病与炭疽均有传染性，体温高（42℃），呼吸困难，腹痛，泻痢，粪中混血，濒死时体温下降。

［**不同点**］炭疽可视黏膜蓝紫色，血片镜检可见有荚膜的炭疽杆菌，死后天然孔流血，迅速臌胀，尸僵不全。

6. 巴氏杆菌病与牛网尾线虫病的鉴别诊断

［**相似点**］巴氏杆菌病与牛网尾线虫病均有呼吸迫促、困难，咳嗽，流鼻液，听诊有啰音等症状。

［**不同点**］牛网尾线虫病的病原是牛网尾线虫。体温不高，消瘦，贫血。鼻液、粪便检验有幼虫。

【防制】

1. 预防措施

认真搞好饲养管理和卫生工作，消除发病的应激因素，以增强牛的抗病能力。场区及牛舍、饲养用具等每天应以1％聚维酮碘水溶液、0.5％过氧乙酸水溶液等进行消毒。免疫接种，牛出血性败血病氢氧化铝菌苗，100千克以下的牛4毫升/头，100千克以上的牛6毫升/头，皮下或肌内注射，每年春、秋两季各免疫1次，免疫期半年。

2. 发病后措施

处方1：①5%乳酸环丙沙星注射液5毫克/(千克体重·次)，肌内注射，2次/天，连用3～5天。②全群以阿莫西林可溶性粉5～10毫克/千克体重，混饮，1次/天，连用3～5天。③清肺止咳散250～400克/头，温开水拌匀，灌服，1次/天，连用3～5天。

处方2：①头孢噻呋钠粉针0.1毫升/千克体重，注射用水稀释，肌内注射，2次/天，连用3～5天。②全群以清肺止咳散250克/头，拌料混饲，1次/天，连用3～5天。③全群以阿莫西林可溶性粉5～10毫克/千克体重，混饮，1次/天，连用3～5天。

处方3：①头孢噻呋钠粉针0.1毫升/千克体重，注射用水20毫升，肌内注射，2次/天，连用3～5天。②葡萄糖生理盐水500～2500毫升、复方康福那心注射液10～20毫升、5%维生素C 30～50毫升、地塞米松15毫克/头，静脉注射，1～2次/天，连续应用3～5天。③全群以清肺止咳散100克/头，拌料混饲，1次/天，连用3～5天。

二十二、布鲁菌病

布鲁菌病是由布鲁菌引起的人、畜共患传染病。在家畜中，牛、猪最常发生，且可传染给人和其他家畜。特征是生殖器官和胎膜发炎，引起流产、不育和某些组织的局部病灶。

【病原】布鲁菌属于布鲁菌属（有六种，即牛型、羊型、猪型、绵羊型、犬型和沙林鼠型，在我国发现的主要是前3种），为细小球杆菌，一般不形成荚膜，无芽

孢，无鞭毛，不运动，革兰氏染色阴性，需氧。该菌对自然环境因素的抵抗力较强，在直射阳光下可存活4小时。对湿热和消毒剂的抵抗力不强，煮沸立即死亡；2%石炭酸、3%来苏尔，可于1小时内杀死该菌；0.3%洗必泰或0.01%度米芬、消毒净、新洁尔灭，5分钟内即可杀死本菌。

【流行病学】易感动物主要是牛、猪。病牛为主要传染源，流产的胎儿、胎衣、牛水、子宫阴道分泌物及乳汁、公牛的精液中均有病原菌，主要通过消化道食入被细菌污染的饲料、饮水及牛奶而传染，也可通过交配、口鼻黏膜、眼结膜和破损的皮肤直接进入牛体，吸血昆虫也可传播本病。本病常呈地方性流行，感染的牛常终身带菌，新疫区往往可使大批妊娠母牛流产，老疫区则妊娠牛流产逐渐减少，但关节炎、子宫内膜炎、胎衣不下、屡配不孕、睾丸炎等增多。犊牛有抵抗力，初产牛易感，母牛比公牛易感。

【临床症状】母牛显著特征是流产，在怀孕期的任何时间均可发生流产，但多发生在第6～8个月，流产后常有胎衣不下，阴门流出棕红色、有恶臭分泌物。公牛常发生睾丸炎和附睾炎。阴茎潮红肿胀，间或有小结节。急性病例睾丸肿胀疼痛，体温中度发热，食欲不振。以后疼痛逐渐减轻，约3周后只见睾丸、附睾肿胀，触之坚硬，鞘膜腔积水，有波动感。有时关节肿胀疼痛。

【病理变化】流产胎衣水肿增厚，呈黄色胶冻样浸润，有些部位表面覆有纤维蛋白絮片和脓液。绒毛叶部分或全部贫血呈苍白色，有出血点和灰色、黄绿色不洁渗出物，并覆盖有坏死组织。胎儿皮下结缔组织发生血样浆液性浸润，皱胃中有淡黄色或白色黏液絮状物，肠胃和膀胱的浆膜下可能有点状或线状出血。胸腹腔有多量微红色积液，肝、脾和淋巴结肿胀，并散在炎性坏死灶。脐带常呈浆液性浸润，肥厚。公牛睾丸和附睾有炎性坏死灶和化脓灶，精囊内可能有出血点和坏死灶。

【实验室检查】细菌分离鉴定和血清学检验。

【类症鉴别】

1. 布鲁菌病（母牛）与弯杆菌病的鉴别诊断

［**相似点**］布鲁菌病与弯杆菌病均有流产，阴道黏膜充血，流黏液等症状。

［**不同点**］弯杆菌病的病原是弯杆菌。多在怀孕5～6个月流产，子宫颈部发炎严重，阴道黏膜无粟粒状结节。胎衣水肿，无出血点，胎膜绒毛叶涂片镜检，可见到如胎儿样的弯杆菌。

2. 布鲁菌病（母牛）与毛滴虫病的鉴别诊断

［**相似点**］布鲁菌病与毛滴虫病均有阴道黏膜发炎，有结节，流产，流灰白色分泌物等症状。

［**不同点**］毛滴虫病的病原是毛滴虫。阴道黏膜有密集的毛滴虫结节，触摸如砂纸。孕后不久即流产。

3. 布鲁菌病（母牛）与阴道炎的鉴别诊断

［**相似点**］布鲁菌病与阴道炎均有阴道黏膜发炎、肿胀，流分泌物等症状。

［**不同点**］阴道炎的阴道黏膜不出现结节，不流产。

4. 布鲁菌病（母牛）与钩端螺旋体病的鉴别诊断

［**相似点**］布鲁菌病与钩端螺旋体病均有体温升高，

流产等症状。

［**不同点**］钩端螺旋体病黏膜发黄，尿色发暗（血红蛋白尿、胆色素），皮肤常见干裂、坏死、溃疡。

5. 布鲁菌病（母牛）与衣原体病的鉴别诊断

［**相似点**］布鲁菌病与衣原体病母牛怀孕后期流产，胎衣有出血点。

［**不同点**］衣原体病流产时不发生胎衣滞留，阴道黏膜无粟粒状结节。流产胎儿的器官、胎盘涂片镜检，可见到衣原体。

6. 布鲁菌病（公牛）与公牛结核病的鉴别诊断

［**相似点**］布鲁菌病（公牛）与公牛结核病睾丸、附睾肿大，阴茎有小结节。

［**不同点**］公牛结核病阴茎常见有糜烂，体表淋巴结肿大。结核菌素试验呈阳性反应。

7. 布鲁菌病（公牛）与牛胎毛滴虫病的鉴别诊断

［**相似点**］布鲁菌病（公牛）与牛胎毛滴虫病阴茎黏膜有小结节。

［**不同点**］牛胎毛滴虫病的睾丸、附睾不发生炎性肿胀。

8. 布鲁菌病（公牛）与衣原体病的鉴别诊断

［**相似点**］布鲁菌病（公牛）与衣原体病均有传染性，睾丸、附睾发炎。

［**不同点**］衣原体病（公牛）多发于年轻牛，精囊、附性腺、睾丸、附睾呈慢性炎。精液质量低，用处理过的衣原体悬液，如抗体滴度增高4倍以上即为阳性。

9. 布鲁菌病（公牛）牛传染性鼻气管炎的鉴别诊断

［**相似点**］布鲁菌病（公牛）与牛传染性鼻气管炎均

有传染性，阴茎潮红肿胀。

［**不同点**］牛传染性鼻气管炎阴茎上发生脓疱，包皮上肿胀，发生脓疱，在流行期间还有呼吸型出现。

10. 布鲁菌病（公牛）与牛龟头创伤的鉴别诊断

［**相似点**］布鲁菌病（公牛）与牛龟头创伤均有龟头潮红肿胀等症状。

［**不同点**］牛龟头创伤的睾丸、附睾不肿胀热痛，阴囊不积水，无传染性。布鲁菌病阴茎潮红肿胀，睾丸、附睾亦肿胀热痛。3周后症状减轻，睾丸、附睾变硬，阴囊积水，有波动。有时关节肿胀疼痛。血液凝集反应阳性。

11. 布鲁菌病（公牛）与睾丸炎的鉴别诊断

［**相似点**］布鲁菌病（公牛）与睾丸炎体温稍升高，睾丸肿胀热痛。慢性时睾丸变硬，疼痛减轻。

［**不同点**］睾丸炎阴茎不发生肿胀潮红，也不间或发生小结节。

【防制】

1. 预防措施

牛场应制订严格的消毒防病措施，场区及牛畜舍、饲养用具等每天应以0.3%洗必泰或0.01%度米芬、消毒净等进行消毒。疫区牛场用凝集反应或荧光抗体技术进行定期普遍检疫，检出的阳性和可疑牛，均应隔离，育肥后淘汰屠宰。免疫接种，布鲁菌猪型5号冻干苗，按瓶签注明免疫头数用生理盐水稀释成每头份1～2毫升（250亿～125亿活菌），皮下注射，免疫期为1年。

2. 发病后措施

布鲁菌病是一慢性传染病，牛群一旦被感染，传染

源将长期存在，当牛群更新时，带菌牛又可传染给健康牛，引起再度暴发流行。布鲁菌是兼性细胞内寄生菌，致使化疗药物不易生效。故各养殖场对病牛和血清学反应阳性牛均不进行治疗，而采取严格隔离育肥后淘汰，以除后患的果断措施。

二十三、李氏杆菌病

李氏杆菌病是由单核细胞增生李氏杆菌引起的人和动物共患传染病。人和家畜主要表现为脑膜脑炎、败血症和流产。

【病原】单核细胞增生李氏杆菌为革兰氏阳性小杆菌，在抹片中或单个分散，或两个排成“V”形，或相互并列。本菌对食盐和热的耐受性强，在20%的食盐中能经久不死。在土壤、粪便中能长期存活。对消毒液的抵抗力不强，2.5%石炭酸、2.5%氢氧化钠、2%福尔马林20分钟均可杀死此菌。

【流行病学】患病和带菌动物是本病的传染源。许多野兽、野禽、啮齿动物尤其是鼠类都是易感动物，且常为该菌的储存宿主。由患病动物的粪尿、乳汁、精液以及眼、鼻、生殖道的分泌物都曾分离到本菌。饮水和饲料可能是主要的传染媒介。本病为散发性，偶呈现地方性流行，但不广泛传播，发病率只有百分之几，但致死率很高。

【临床病学】潜伏期为2～3周，病初体温升高1～2℃，不久降至常温。原发性败血症主要见于幼犊，表现精神沉郁、呆立、流涎、流鼻涕、流泪，不听驱使。意识障碍，运动失调，作转圈运动。继之卧地，呈昏迷状态，常一侧卧，强行翻身后，又很快自行翻转过来，直至死亡。病程短者2～3天，长者1～2周或更长。成年牛症状不明显，妊娠母牛常发生流产。水牛常突发脑炎，与黄牛相似，但病程较短，死亡率较高。

【病理变化】 有神经症状的病牛，脑膜和脑可能充血、发炎或水肿，脑脊髓液增加，稍浑浊，有很多细胞。肝脏可能有小炎灶和小坏死灶。败血症的犊牛可见灶性肝坏死，有明显的出血性胃炎变化以及小肠炎症。流产母牛可见子宫内膜充血，以致广泛坏死，胎盘子叶常见出血和坏死。

【实验室检查】 进行细菌学检查、荧光抗体染色等。

【类症鉴别】

1. 李氏杆菌病与面神经麻痹的鉴别诊断

［**相似点**］李氏杆菌病与面神经麻痹均有牛的耳下垂、眼半闭等症状。

［**不同点**］面神经麻痹的唇鼻向健侧歪，还常见两侧面神经麻痹（两耳下垂、两眼半闭、下唇下垂、吃草用牙啃），体温不高，无传染性，不转圈。

2. 李氏杆菌病与脑膜脑炎的鉴别诊断

［**相似点**］李氏杆菌病与脑膜脑炎均有体温高（40～41℃），兴奋前进时不避障碍物，共济失调等症状。

［**不同点**］脑膜脑炎无传染性，体温高不自动下降，不出现头颈一侧性麻痹弯向健侧。

3. 李氏杆菌病与脑多头蚴病（脑包虫病）的鉴别诊断

［**相似点**］李氏杆菌病与脑多头蚴病均有头颈歪向一

侧，头向上仰，视力障碍，作圆圈运动等症状。

［**不同点**］脑多头蚴病无传染性，体温不升高，转圈执拗，即使缰绳绕柱至鼻仍要转圈。

【防制】

1. 预防措施

牛场应定期以物理或化学方法进行灭鼠，并以杀虫剂定期杀灭牛体表寄生虫。注意自身防护，饲养管理、动物医学人员应注意自身防护，以防感染发病。

2. 发病后措施

一旦发病，应及时隔离治疗。抗生素中的链霉素、青霉素及庆大霉素，磺胺类中的磺胺嘧啶钠、磺胺甲基嘧啶，喹诺酮类中的诺氟沙星和氧氟沙星等均有较好的疗效。

处方 1：①5%庆大-小诺霉素注射液 0.1 毫升/千克体重，肌内注射，2 次/天，连续应用 3～5 天。②葡萄糖生理盐水 250～1000 毫升、氨苄西林 7 毫克/千克体重、盐酸氯丙嗪 0.6 毫克/千克体重，静脉注射，1～2 次/天，连用 3～5 天。③全群以阿莫西林可溶性粉 5～10 毫克/千克体重，混饮，1 次/天，连用 3～5 天。

处方 2：①全群以阿莫西林可溶性粉 5～10 毫克/千克体重，混饮，1 次/天，连用 3～5 天。②左旋氧氟沙星注射液肌内注射，0.1 毫升/千克体重，2 次/天。③葡萄糖生理盐水 250～1000 毫升、盐酸氯丙嗪 0.6 毫克/千克体重、磺胺间甲氧嘧啶钠注射液首次量 100 毫克/(千克体重・次)、地塞米松 15 毫克/头，维持量 50 毫克/(千克体重・次)，2 次/天，静脉注射，连用 3～5 天。

二十四、链球菌病

牛链球菌病是由数种致病性链球菌引起的牛的多种

疾病（链球菌乳腺炎、链球菌肺炎、犊牛链球菌病）的总称。

【病原】链球菌属于链球菌属，有牛链球菌、马链球菌兽疫亚种（旧称兽疫链球菌）和类牛链球菌等。近年来由牛链球菌2型所引起的牛败血性链球菌病流行比较常见。为革兰氏阳性、球形或卵圆形细菌，不形成芽孢，亦无鞭毛，有的可形成荚膜，呈长短不一的链状排列。需氧或兼性厌氧。在培养基中加入血液、血清及腹水等可促其生长。37℃培养24小时，形成无色露珠状细小菌落。该菌对外界环境的抵抗力不强，70℃经1小时，86℃经15分钟，煮沸则立即死亡。1‰氯化汞、5%石炭酸、2%甲醛，10分钟即可杀死该菌；1∶2000洗必泰、1∶10000度米芬、消毒净在5分钟内可将其杀死。

【流行病学】病牛和病愈带菌牛是本病的主要传染源。病原存在于病牛的各实质器官、血液、肌肉、关节和分泌物及排泄物中。病死牛的内脏和废弃物是造成本病的重要因素。本病主要经呼吸道、消化道和损伤的皮肤感染。牛、马属动物、绵牛、山牛、鸡、兔、水貂以及鱼等均有易感染性。牛不分年龄、品种和性别均易感。牛链球菌2型可感染人并致死。本病一年四季均可发生，但以5～11月较多发。本病呈地方流行性，但在新疫区呈暴发流行，发病率和死亡率很高。在老疫区多呈散发，发病率和死亡率均较低。

【临床症状和病理变化】

（1）链球菌乳腺炎　链球菌乳腺炎可分为急性型和慢性型两种，可表现为浆液性或化脓性乳腺炎。急性乳

腺炎表现乳房明显肿胀、坚硬、发热、疼痛。全身不适，体温稍高，食欲减退，产奶量减少或停止，乳房肿胀严重时行走困难，常侧卧、呻吟、后肢伸直。最初乳汁呈淡黄色或微红色，继之出现微细的凝乳块至絮片。慢性乳腺炎多为原发性，也有从急性转变而来的，临床症状不明显。表现产奶量逐渐下降，乳汁带有咸味，有时呈淡蓝色水样，间断地排出凝乳块和絮片。乳房有大小不同的灶性或弥漫性硬肿。

（2）链球菌肺炎　是由肺炎链球菌引起的一种急性、败血性传染病，多发生于犊牛。传染源为病牛和带菌牛，3周以内的犊牛最易感，主要经呼吸道感染，呈散发或地方性流行。病初不食或少食，呼吸极度困难，结膜发绀，心脏衰竭。很快出现神经症状，四肢抽搐，共济运动失调，常于几小时内死亡。病程长的，鼻镜潮红，鼻流脓涕，结膜发炎，消化不良并伴有腹泻，很快呈现支气管肺炎症状，呼吸困难，咳嗽，共济运动失调。胸腔积液，脾脏充血增生，质韧如橡皮样，即所谓“橡皮脾”是本病特征。

（3）犊牛链球菌病　多由脐带感染而引起的犊牛急性败血症。犊牛出生后不久即出现眼炎，很快呈败血症状，知觉过敏，四肢关节发硬，发热。

【实验室检查】进行细菌学检查。

【防制】

1. 预防措施

牛场应制订严格的消毒防病措施，场区及牛畜舍、饲养用具等每天应以0.5%洗必泰、0.01%度米芬、1%

复合酚等进行喷洒消毒。注意接生断脐、断尾、阉割、注射等手术的消毒，防止感染。

2. 发病后措施

链球菌乳腺炎的预治疗详见产科病。

处方 1：①乳酸环丙沙星注射液 5 毫克/(千克体重 · 次)，肌内注射，2 次/天，连用 3～5 天。②全群以阿莫西林可溶性粉 5～10 毫克/千克体重，混饮，1 次/天，连用 3～5 天。③复方康福那心注射液 5～10 毫升/(头 · 次)，肌内注射，2 次/天，连用 3～5 天。

处方 2：①磺胺甲噁唑注射液首次量 100 毫克/千克体重（维持量 50 毫克/千克）、5%碳酸氢钠 30～50 毫升、葡萄糖生理盐水 500～1500 毫升、柴胡注射液 5～20 毫升，静脉注射，2 次/天，连用 3～5 天。②硫氰酸红霉素可溶性粉 5 毫克/(千克体重 · 次)，全群混饮，2 次/天，连续应用 3～5 天。

处方 3：①头孢噻呋钠粉针 0.1 毫升/千克体重，注射用水稀释，肌内注射，2 次/天，连用 3～5 天。②阿莫西林可溶性粉 10～15 毫克/(千克体重 · 次)，2 次/天，全群混饮，连续应用 3～5 天。③复方康福那心注射液 5～10 毫升、葡萄糖生理盐水 500～1500 毫升、40%乌洛托品 10～25 毫升/(头 · 次)，静脉注射，1～2 次/天，连用 3～5 天。

二十五、坏死杆菌病

坏死杆菌病是由坏死梭杆菌引起的各种动物的一种慢性传染病。临床上表现为皮肤、皮下组织和消化道黏膜的坏死，有时在内脏形成转移性坏死灶。

【病因】坏死梭杆菌为严格厌氧菌，无鞭毛，不能运动，不形成芽孢和荚膜。对温热的抵抗力不强，加热

100℃1分钟可杀死本菌，0.1%高锰酸钾、2%氢氧化钠、1%甲醛、5%来苏尔或4%醋酸在15分钟内都可杀死本菌。

【流行病学】病畜和带菌动物是本病的传染源。坏死梭杆菌主要经损伤的皮肤、黏膜侵入而感染，经血流而散播，而形成新的坏死病灶。新生幼畜也可经脐带而侵入，在肝内形成脓疡。本病多发于炎热、多雨季节，一般呈散发性，偶呈现地方性流行，潜伏期常为1～3天。

【临床症状】根据发病部位的不同，而有不同的病名和表现。

（1）腐蹄病　多见于成年牛。病初跛行，蹄部肿胀或溃烂，流出恶臭的脓汁。如病变向深处扩展，则可波及腱、韧带、关节和滑液囊，严重时可出现蹄壳脱落。重症者有发热、厌食、反刍停止等全身症状，进而发生脓毒败血症而死亡。

（2）坏死性口炎　多发生于犊牛。体温升高，流涎，齿龈、舌、上颌、颊及咽黏膜出现溃疡，覆有粗糙的灰白色伪膜，伪膜下有淡黄色的化脓性坏死灶。发生在咽喉者，有颌下水肿、吞咽和呼吸困难等症状，多经过5～7天死亡。

【类症鉴别】

1. 坏死杆菌病与干性坏疽（成年牛）的鉴别诊断

［**相似点**］坏死杆菌病与干性坏疽皮肤坏死，干燥、皱缩，硬固。

［**不同点**］干性坏疽无传染性。多因火烧、强酸等原因造成，体温不高。

2. 坏死杆菌病与“恶性溃疡”的鉴别诊断

［**相似点**］坏死杆菌病与“恶性溃疡”系部均有皮肤坏死、脱落，流分泌物等症状。

［**不同点**］“恶性溃疡”奇痒，创面肉芽用手能抠掉，溃疡底部及周围皮下有黄色或淡黄色干酪样颗粒。

3. 坏死杆菌病与蹄叉腐烂的鉴别诊断

［**相似点**］坏死杆菌病与蹄叉腐烂蹄叉腐烂崩坏，有污秽恶臭分泌物，跛行。

［**不同点**］蹄叉腐烂无传染性，体温不高，先在蹄叉侧沟发生，逐渐向深部和周围扩展，形成大小不同的空洞，露出肉叉，体温不高。

4. 坏死杆菌病与腐蹄病的鉴别诊断

［**相似点**］坏死杆菌病与腐蹄病均有蹄间隙腐烂，流恶臭液体，跛行等症状。

［**不同点**］腐蹄病的体温不高，无传染性。多因畜铺污秽潮湿，蹄经常浸泡于不洁畜铺而发病。

5. 坏死杆菌病与系部皮炎的鉴别诊断

［**相似点**］坏死杆菌病与系部皮炎系部以下肿胀，皮肤破裂有渗出液。

［**不同点**］系部皮炎无传染性。初期有热痛和瘙痒，不形成溃疡，不流污臭分泌物，体温不升高。

6. 坏死杆菌病（犊牛坏死性口炎）与咽炎的鉴别诊断

［**相似点**］坏死杆菌病与咽炎均有咽喉肿胀，呼吸、吞咽困难等症状。

［**不同点**］咽炎无传染性。颌下不水肿，口腔无溃疡，无伪膜。

7. 坏死杆菌病与溃疡性口炎的鉴别诊断

［**相似点**］坏死杆菌病与溃疡性口炎均有口腔溃疡，易出血，流涎等症状。

［**不同点**］溃疡性口炎体温不高，溃疡无伪膜，无传染性。

8. 坏死杆菌病与蹄冠蜂窝织炎的鉴别诊断

［**相似点**］坏死杆菌病与蹄冠蜂窝织炎均有体温升高，蹄冠肿胀，跛行等症状。

［**不同点**］蹄冠蜂窝织炎无传染性。脓肿破溃后体温即下降，跛行也减轻，全身状况也好转。

9. 坏死杆菌病与霉稻草中毒的鉴别诊断

［**相似点**］坏死杆菌病与霉稻草中毒均有患部毛稀少蓬乱，皮肤发硬并干性坏死等症状。

［**不同点**］霉稻草中毒无传染性。体温、心跳、呼吸、饮食、粪尿一般无明显变化，因吃霉稻草而发病。

【防制】

1. 预防措施

对牛场、牛舍每天应进行清扫和定期消毒，清除牛舍中的尖锐物体，尤其是栏架上的毛刺，以防牛发生外伤和感染。饲草应铡短，不喂给尖锐坚硬的饲料。补充矿物质和维生素，提高牛的抗病能力。

2. 发病后措施

治疗方法很多，但收效较慢，需时较长，应当有耐心。

处方1：①用0.1%高锰酸钾冲洗口腔，口腔创面涂布碘甘油，1～2次/天，直至痊愈。②阿莫西林可溶性粉（按阿莫西林计）10毫克/千克体重，混饮，1次/天，连用5～7天。

处方2：①乳酸环丙沙星注射液5毫克/(千克体重·次)，肌内注射，2次/天，连用5～7天。②用0.1%高锰酸钾冲洗病蹄，清除局部坏死组织，涂布紫草膏适量，1次/天，直至痊愈。③阿莫西林可溶性粉（按阿莫西林计）10毫克/千克体重，混饮，1次/天，连用5～7天。

二十六、气肿疽

气肿疽是由气肿疽梭菌引起的牛的一种急性、发热性传染病，其特征为肌肉丰满部位发生炎性气性肿胀，并常有跛行。

【病原】气肿疽梭菌为两端钝圆的粗大杆菌，能运动，无荚膜，在体内外均可形成芽孢，能产生不耐热的外毒素。芽孢抵抗力强，可在泥土中保持5年以上，在腐败尸体中可存活3个月。在液体或组织内的芽孢经煮沸20分钟、0.2%氯化汞10分钟或3%福尔马林15分钟方能杀死。

【流行病学】自然感染一般多发于黄牛、水牛、奶牛、牦牛，犏牛易感性较小。发病年龄为0.5～5岁，尤以1～2岁多发，死亡居多。牛、猪、骆驼亦可感染。病牛的排泄物、分泌物及处理不当的尸体，污染的饲料、水源及土壤会成为持久性传染来源。该病传染途径主要是消化道，深部创伤感染也有可能。本病呈地方性流行，有一定季节性，夏季放牧（尤其在炎热干旱时）容易发生，这与蛇、蝇、蚊活动有关。

【临床表现和病理变化】潜伏期3～5天，体温升高至40～42℃，早期即出现跛行。继之在肌肉丰满的部位发生肿胀，初期热而痛，后来中央变冷、无痛，患部皮

肤干硬呈暗红色或黑色。切开患部，从切口流出污红色、含泡沫的酸臭液体。发病局部淋巴结肿大，触之坚硬。食欲废绝，反刍停止，呼吸困难，最后体温下降而死。

【类症鉴别】

1. 气肿疽与恶性水肿的鉴别诊断

［**相似点**］气肿疽与恶性水肿均有传染性，体温高（40～41℃），弥漫性肿胀，初热痛，后变冷无痛，按压有捻发音。

［**不同点**］恶性水肿肿胀部位多在颈部，后期无捻发音，不显跛行。针刺肿胀部流出淡黄色腥臭液，含气泡少。病灶水肿液镜检，可见长丝状菌体。

2. 气肿疽与炭疽的鉴别诊断

［**相似点**］气肿疽与炭疽均有传染性，体温高（40～42℃），皮肤发生肿胀，先有热痛后变冷，死亡快。死后肛门、口、鼻流血沫，臌胀。

［**不同点**］炭疽肿胀多发生在喉、颈、胸前、腹下、肩胛、乳房等处。不出现跛行，按压肿胀无捻发音，病程较长。血液镜检，可见炭疽杆菌。

3. 气肿疽与蜂巢织炎的鉴别诊断

［**相似点**］气肿疽与蜂巢织炎均体温高（39～40℃），发生大面积肿胀，有热痛，有跛行（肿在筋膜下）。

［**不同点**］蜂巢织炎无传染性。体温较低，肿胀扩大迅速，无捻发音，叩之无鼓音，一般无跛行，肿胀初按压捏粉样，后变硬。病程较长。

4. 气肿疽与巴氏杆菌病（浮肿型）的鉴别诊断

［**相似点**］气肿疽与巴氏杆菌病均有传染性，体温高

(41～42℃)，肿胀初热痛，后变冷痛减轻，病程短。

［**不同点**］巴氏杆菌病（浮肿型）肿胀多在颈部咽喉及胸前，按压无捻发音，呼吸高度困难，不出现跛行。血检可见两极浓染的小杆菌。

【防制】

1. 预防措施

牛场应制订严格的消毒防病措施，场区及牛畜舍、饲养用具等应以3％福尔马林、0.2％氯化汞、2％氢氧化钠等进行喷洒消毒。气肿疽明矾菌苗，不论年龄大小，一律为5毫升/头，免疫期6个月。发现病畜应立即隔离治疗，病死牛严禁剥皮食肉，应深埋或焚烧，以减少病原的传播。

2. 发病后的措施

处方1：①氯唑西林钠粉针5～10毫克/(千克体重·次)，肌内注射，2次/天，连用3～5天。②切开患部，3％过氧化氢反复冲洗，以生理盐水冲去残留的过氧化氢，然后撒布青霉素粉。③葡萄糖生理盐水500～1500毫升、10％樟脑磺酸钠注射液10～20毫升、10％维生素C 10～20毫升、30％安乃近10～20毫升，静脉注射，2次/天，连用3～5天。

处方2：①氨苄西林钠0.5～1.5克、0.25％普鲁卡因20～30毫升，患部周围分点注射。②葡萄糖生理盐水500～1500毫升、10％樟脑磺酸钠注射液10～20毫升、氨苄西林钠7毫克/千克体重、30％安乃近10～20毫升，静脉注射，2次/天，连用3～5天。

二十七、土拉杆菌病

土拉杆菌病（也称野兔热）是由土拉弗朗西斯菌引

起的一种自然疫源性疾病。原发于野生啮齿动物，它们传染于家畜和人。动物患本病主要表现为体温升高，淋巴结肿大，脾脏和其他内脏的坏死性变化。

【病原】 土拉弗郎西斯菌是一种多形态的细菌，抵抗力较强，在土壤、水、肉、皮毛中可存活数10天。对常用消毒药（来苏尔、石炭酸等）都敏感。

【流行病学】 主要传染源是野兔和啮齿动物（田鼠、水鼠、小家鼠）等。传播途径多种多样，牛可因被蜱等吸血昆虫叮咬而感染，也可因吸入带菌的飞沫及尘土或经消化道而感染。牛感染则以犊牛较为多见，发生季节与野生啮齿动物及吸血昆虫繁殖滋生的季节相一致。

【临床症状】 潜伏期为1～3天，患病牛表现体表淋巴结肿大，精神沉郁，食欲减退，体温升高至41℃以上，全身虚弱，行动迟缓，呼吸困难，常呈腹式呼吸，有时咳嗽，病程缓慢，多数病牛可耐过，而逐渐康复，很少发生死亡。妊娠母牛常发生流产。水牛常表现食欲减退或废绝，发热寒战，时有咳嗽，体表淋巴结肿大。

【病理变化】 可见体表淋巴结肿大发炎、化脓，支气管肺炎、胸膜炎以及脾实质变性、坏死。

【防制】

1. 预防措施

养牛场内应定期灭鼠，温暖季节应定期以杀虫剂喷洒，杀灭吸血昆虫，养牛场内不得饲养其他动物。牛场环境及牛舍应注意打扫，定期以5%来苏尔、3%石炭酸、2%氢氧化钠溶液进行喷洒消毒。

2. 发病后措施

处方1：①硫酸链霉素20毫克/千克体重，肌内注射，2次/天，连续应用5～7天。②强力霉素可溶性粉100克拌料100千克，全群混饲，连用5～7天。③健胃散350克/头，温开水冲匀，一次灌服，1次/天，连服3～5天。④复方氨基比林注射液10～25毫升/(次·头)，肌内注射，2～3次/天，使用天数视体温而定。

处方2：①硫酸链霉素20毫克/千克体重，肌内注射，2次/天，连续应用5～7天。②氟苯尼考可溶性粉100克拌料100千克，全群混饲，连续应用5～7天。③清瘟败毒散300～400克/(头·次)，温开水冲匀，一次灌服，1次/天，连服3～5天。④复方氨基比林注射液10～25毫升/(次·头)，肌内注射，2～3次/天，使用天数视体温而定。

二十八、传染性角膜结膜炎

传染性角膜结膜炎（红眼病）是主要危害牛的一种急性传染病，其特征为眼结膜和角膜发生明显的炎症变化，伴有大量流泪，继之发生角膜浑浊。

【病原】它是一种多病原性疾病，已报道的病原有牛嗜血杆菌、立克次体、支原体、衣原体和某些病毒。

【流行病学】牛、绵牛、山牛、骆驼、鹿等，不分性别和年龄均具有易感性，但以幼龄动物多发。病畜通过眼泪和鼻分泌物排出病原体，污染饲料、饮水和周围环境，健畜可因食入被病原体污染的饲料和饮水，或与病畜直接接触而感染。本病主要发生于天气炎热和湿度较高的夏季和秋季，其他季节则较少。一旦发病，传播迅速，常呈地方流行。青年牛群发病率高达60％～90％。

【临床症状】潜伏期3～7天，病初羞明流泪，眼睑肿胀、疼痛，角膜血管扩张、充血，结膜和瞬膜红肿、外翻。严重者角膜浑浊增厚，并发生溃疡，形成角膜翳。个别的可见眼前房积脓或角膜破裂，晶状体脱落。病程20～30天，一般无全身症状。眼球化脓时，往往伴有体温升高，食欲减退，精神沉郁等。病情较轻者，常可自愈，但常会遗留角膜翳、角膜白斑或失明。

【类症鉴别】

1. 传染性角膜结膜炎与角膜炎的鉴别诊断

［**相似点**］传染性角膜结膜炎与角膜均有角膜周围血管充血，角膜浑浊，羞明、流泪等症状。

［**不同点**］角膜炎的角膜不出现白色或灰白色小点，一般结膜、瞬膜不同时发炎或炎症较轻。无传染性。

2. 传染性角膜结膜炎与结膜炎的鉴别诊断

［**相似点**］传染性角膜结膜炎与结膜炎均有眼结膜潮红、充血，羞明、流泪等症状。

［**不同点**］结膜炎一般角膜、瞬膜不同时发病。无传染性。

3. 传染性角膜结膜炎与牛恶性卡他热的鉴别诊断

［**相似点**］传染性角膜结膜炎与牛恶性卡他热均有传染性，羞明、流泪，角膜浑浊。

［**不同点**］牛恶性卡他热的体温高（41～42℃），鼻黏膜充血、糜烂，咽喉黏膜肿胀，头部肿胀，口腔黏膜坏死、糜烂，有臭味。

4. 传染性角膜结膜炎与牛传染性鼻气管炎的鉴别诊断

［**相似点**］传染性角膜结膜炎与牛传染性鼻气管炎均

有传染性，结膜发炎、流泪。

[**不同点**] 牛传染性鼻气管炎鼻黏膜充血，有溃疡，鼻窦、鼻镜发炎（有红鼻子之称），呼吸困难，有咳嗽。

【防制】

1. 预防措施

牛场环境及牛舍应注意打扫，定期以5%来苏尔、3%石炭酸、0.5%过氧乙酸溶液进行喷洒消毒。牛场从外地引进青年牛时，应进行严格检疫，确认无病时才能引进，并混群饲养。

2. 发病后措施

无全身症状的只做眼部治疗即可；如有体温升高、食欲减退、精神沉郁等全身症状的，除眼部治疗外，尚应配合全身治疗，以加快康复。

处方1：①注射用氨苄西林钠0.5克、0.5%盐酸普鲁卡因注射液10毫升、醋酸地塞米松注射液10毫克，以9#注射针头刺入睛明穴，缓慢注射，注意不得刺入眼球内，1次/2天。②以红霉素眼药膏点眼，2次/天，连用数天。

处方2：①注射用氨苄西林钠0.5克、0.5%盐酸普鲁卡因注射液10毫升、醋酸地塞米松注射液10毫克，以9#注射针头刺入睛明穴，缓慢注射，注意不得刺入眼球内，1次/2天。②以氧氟沙星眼药水点眼，2次/天，连用数天。

处方3：①注射用氨苄西林钠0.5克、0.5%盐酸普鲁卡因注射液10毫升、醋酸地塞米松注射液10毫克，以9#注射针头刺入睛明穴，缓慢注射，注意不得刺入眼球内，1次/2天。②以光明眼药膏点眼，2次/天，连用数天。③葡萄糖生理盐水500～1500毫升、10%樟脑磺酸钠注射液10～20毫升、氨苄西林钠7毫克/千克体重、30%安乃近10～20毫升，静脉注射，2次/天，

连用 3～5 天。④决明散 350 克、蜂蜜 60 克、鸡蛋 2 枚，温开水冲匀，一次灌服，1 次/天，连用 3～5 天。

二十九、牛传染性脑膜炎

牛传染性脑膜炎（牛传染性血栓性脑膜炎）是由昏睡嗜血杆菌引起的一种急性败血性传染病。

【病原】 昏睡嗜血杆菌为革兰氏染色阴性菌，不运动，多型性球形小杆菌，无芽孢，无鞭毛，无荚膜，不溶血。具有细胞黏附性、细胞毒性，能抑制细胞的吞噬作用。对理化因素抵抗力较弱，常用消毒液及 65℃ 2～5 分钟即可将其杀死。

【流行病学】 本病主要发生于育肥牛，奶牛、放牧牛也可发病，多见于 6 月龄到 2 岁的牛。昏睡嗜血杆菌是牛的正常寄生菌，应激因素和并发感染可导致发病，通常呈散发性。一般通过飞沫、尿液或生殖道分泌物而传染。发病无明显的季节性，但多见于秋末、初冬或早春寒冷潮湿的季节。

【临床症状和病理变化】 病牛高热、呼吸困难、咳嗽、流泪、流鼻液，母牛阴道炎、子宫内膜炎、流产，病犊常表现眼球震颤、四肢僵直、昏睡等神经症状。剖检可见脑膜充血出血，脑膜血管怒张，脑底部有红色坏死软化灶，肺见出血性梗死灶，色暗红，界限明显。

神经型见脑膜充血，脑脊液增量且呈红色。脑的表面和切面有针尖至拇指头大的出血性坏死软化灶。肺脏、肾脏、心脏等器官也可见边界清楚的出血性梗死灶，切面见多数血管因内膜损伤而形成大小不等的血栓。有的病例发生心内膜炎和心肌炎等。组织学检查，在脑、脑膜及全身许多组织器官有广泛的血栓形成，血管内膜损伤（脉管炎），并出现以血管为中心的围管性嗜酸性粒细胞浸润或形成小化脓灶。

【防制】

1. 预防措施

本病的预防可使用氢氧化铝灭活菌苗定期注射，同时加强饲养管理，减少应激因素，饲料中添加四环素类抗生素可降低发病率，但不要长期使用，以免产生抗药性。

2. 发病后措施

病牛早期用抗生素和磺胺类药物治疗，效果明显，但如果出现神经症状则抗菌药物治疗无效。

三十、化脓放线菌感染

化脓放线菌感染旧称化脓棒状杆菌感染，是牛、猪、绵牛、山牛、兔的化脓性疾病。

【病原】化脓放线菌为需氧及兼性厌氧菌。在多种化脓性疾病中，都能发现该菌，如化脓性肺炎、多发性淋巴管炎、子宫内膜炎、化脓性子宫炎、乳腺炎、精囊炎、关节炎、多发性皮下脓肿等，或纯为本菌，或有其他细菌并发。

【临床症状】成年牛和处女牛由本菌引起的乳腺炎，有明显的季节性，蝇虫活动季节发病率可高达30%，处理不当的病牛死亡率可达50%。常可继发化脓性关节炎，使死亡率上升。根据流行病学、临床症状，即可作出诊断。

【防制】

1. 预防措施

（1）严格消毒。奶牛场应制订严格的消毒防病措施，场区及奶牛舍、饲养用具等每天应以0.3%洗必泰或0.1%度米芬等进行消毒。

（2）杀灭蝇虫。进入蚊蝇活动季节，均应定期以25%二嗪农乳液2.4毫升，对水1000毫升，对牛舍、牛体喷洒灭蝇。

2. 发病后措施

处方1：①乳酸环丙沙星注射液5毫克/(千克体重·次)，肌内注射，2次/天，连用3～5天。②阿莫西林可溶性粉10毫克/千克体重，混饲，1次/天，连用3～5天。③以通奶针插入乳房，排净乳液后，注入0.1%高锰酸钾冲洗乳房。排出冲洗液，苄星青霉素120万国际单位以注射用水稀释为50毫升注入乳房，1次/天，连用3～5次。

处方2：①以通奶针插入乳房，排净乳液后，注入0.1%高锰酸钾冲洗乳房。排出冲洗液，苄星青霉素120万国际单位，以注射用水稀释为50毫升注入乳房，1次/天，连用3～5次。②阿莫西林可溶性粉10毫克/千克体重，混饮，1次/天，连用3～5天。③葡萄糖生理盐水注射液1500～2500毫升、40%乌洛托品注射液300～500毫升/头、复方康福那心注射液20～30毫升，静脉注射，1～2次/天，连用3～5天。

三十一、牛魏氏梭菌病

牛魏氏梭菌病是由C型或D型魏氏梭菌所引起的一种急性传染病。

【流行病学】魏氏梭菌能产生强烈的外毒素，经抗毒素中和试验分为A、B、C、D、E五型，D型为土壤常在菌，也存于水中。采食了含有芽孢的魏氏梭菌即发病。山牛、青壮年牛和孕牛多发，发病率11%～53.3%，病死率100%。无明显季节性。前后病例的间隔时间1～3天或1个月。

【临床症状】急性头晚还能吃饱，次晨或使役中突病，呼吸迫促，烦躁不安，挣扎冲撞，遇障碍物不知躲避，不听使唤。不久倒地四肢划动，频繁挣扎起立，以后头颈伸直，肩腹部肌肉震颤，体温38.5℃，心跳快而弱，呼吸困难。反应渐迟钝，瞳孔散大，粪尿失禁，哞叫，片刻死亡。

亚急性（部分牛预防注射后1～3天发病）：体温36～38℃，心跳80～110次，呼吸60～80次，精神沉郁，食欲不振或废绝，瘤胃蠕动弱，2～3天死亡。

【病理变化】尸僵不全，肛门外翻，血液凝固不良，皮下有小出血点。肺水肿，有肝变区，胸腔有凝血块。心肌有斑状或片状出血，心包有黄绿色积液。脾不肿大，有明显出血，切面结构模糊。肝无明显变化，胆汁黏稠，胆囊弥漫性出血，肾质脆，膀胱片状出血。瘤胃、瓣胃黏膜脱落，肠内容物呈酱油状。脑膜充血（注苗发病后死亡的病变相似）。

【类症鉴别】

1. 牛魏氏梭菌病与黑斑病红著中毒的鉴别诊断

［**相似点**］牛魏氏梭菌病与黑斑病红著中毒均有突发气喘，呼吸困难，头颈伸直，心跳快，体温不高等症状。

［**不同点**］黑斑病红著中毒因吃了有黑斑病的红薯、

秧苗及其加工的副产品而发病，胸围扩大，有时皮下气肿，无传染性。牛魏氏梭菌病肝表面触片镜检可见革兰氏阳性大杆菌（D型魏氏梭菌），还检到革兰氏阴性小杆菌（肺炎克雷伯氏菌）。

2. 牛魏氏梭菌病与牛传染性鼻气管炎的鉴别诊断

［**相似点**］牛魏氏梭菌病与牛传染性鼻气管炎均有传染性，呼吸快速、困难，病程短。

［**不同点**］牛传染性鼻气管炎在寒冬季节发病，鼻镜高度充血（红鼻子），鼻黏膜糜烂、坏死、出气臭，流行时常出现生殖道感染的症状。牛魏氏梭菌病体温低于正常，瞳孔散大，临死前哞叫，粪尿失禁。

3. 牛魏氏梭菌病与牛巴氏杆菌病（浮肿型）的鉴别诊断

［**相似点**］牛魏氏梭菌病与牛巴氏杆菌病（浮肿型）均有传染性，呼吸快速、困难，病程短。

［**不同点**］牛巴氏杆菌病（浮肿型）的体温高（40～41℃），咽喉、颈部、胸前肿胀，并有热痛，口流涎，皮肤黏膜发绀。血或水肿液镜检可见两极浓染的杆菌。

【防制】

1. 预防措施

曾发生过本病的地区及周边地区的牛，用牛魏氏梭菌多联浓缩苗每年进行2次预防注射。如发现有肺炎克雷伯氏菌感染，则加注肺炎克雷伯氏灭活菌苗。

2. 发病后措施

根据亚急性病例的抢救情况，用抗生素、止血、补糖是有益的。

处方：①青霉素200万～400万国际单位肌内注射，12小时1次。②用50%葡萄糖500～1000毫升、含糖盐水2000～3000毫升、25%维生素C 10～15毫升、肌苷（2毫升含100毫克）20毫升、三磷酸腺苷二钠（每支20毫克）20毫升、樟脑磺酸钠20毫升静脉注射。③为控制出血，用维生素K_3 0.1～0.3克肌内注射，安络血20～30毫升肌内注射，可同时用，每天2～3次。

三十二、牛细菌性肾盂肾炎

牛细菌性肾盂肾炎是肾棒状杆菌感染引起，以肾盂、肾组织、输尿管及膀胱炎为特征的一种传染病。

【病原】肾棒状杆菌属于棒状杆菌属成员，革兰氏染色阳性，为球杆状或棍棒状，呈单在、成丛或栅栏样排列。无鞭毛，不运动，不形成芽孢。需氧兼性厌氧，可分解一些糖类，产酸不产气。

【流行病学】主要发生于母牛，公牛很少见，也偶发于马和绵牛，可能由病牛排尿尾巴摆动污染健牛尿道、生殖道口引起。

【临床症状】频尿或排尿困难，尿少浑浊，带血色，尿内含有蛋白质、白细胞、纤维素、上皮碎屑和小血块，以至引起尿毒症。直肠检查肾肿大、敏感，膀胱肥厚有痛感。

【病理变化】肾肿大，严重者大2倍，病久肾外膜与肾部分粘连，病肾有灰黄色小化脓灶和坏死灶，呈斑点状，切面有楔状病变。肾盂、肾盏由于渗出物积聚而扩大。肾乳头坏死，有渗出物，混有纤维素块、小血块、坏死组织和石灰质。膀胱壁增厚，黏膜肥厚，有出血、

坏死和溃疡。尿恶臭，含有血、脓、黏液、纤维素块和脱落的坏死上皮。病侧的输尿管膨大，积尿，黏膜增厚，有坏死变化。

【类症鉴别】

1. 牛细菌性肾盂肾炎与膀胱炎的鉴别诊断

［**相似点**］牛细菌性肾盂肾炎与膀胱炎均有排尿困难，尿少而含血，直肠检查膀胱壁肥厚、有痛感等症状。

［**不同点**］膀胱炎尿稠、不浑浊，有时尿的末尾带血，但无小血块和纤维素块，直肠检查肾不肿不痛。

2. 牛细菌性肾盂肾炎与肾盂炎的鉴别诊断

［**相似点**］牛细菌性肾盂肾炎与肾盂炎均有排浑浊尿，尿中有白细胞，直肠检查肾肿大，输尿管膨大等症状。

［**不同点**］肾盂炎尿中无纤维素块和小血块，直肠检查膀胱壁不肥厚、不敏感。

3. 牛细菌性肾盂肾炎与肾炎的鉴别诊断

［**相似点**］牛细菌性肾盂肾炎与肾炎均有尿频，尿少，尿中有血色，肾区敏感，直肠检查肾肿大、有痛感等症状。

［**不同点**］肾炎尿中无纤维素块和小血块，直肠检查输尿管不膨大，膀胱壁不肥厚、不敏感。

4. 牛细菌性肾盂肾炎与牛血红蛋白尿的鉴别诊断

［**相似点**］牛细菌性肾盂肾炎与牛血红蛋白均有尿血，尿频而量少等症状。

［**不同点**］牛血红蛋白尿体温、食欲无变化，尿中无纤维素块。直肠检查肾不肿、不痛，膀胱不肥厚、不敏感。

【防制】

1. 预防措施

平时注意饲养管理，搞好清洁卫生，防止发生本病。

2. 发病后措施

如发现本病，立即隔离治疗。因治愈后常易复发，所以对痊愈病畜仍须注意观察，如经1年以上不复发才能被认为痊愈。

处方1：青霉素200万～300万国际单位肌内注射，隔天1次，连用4～6周，可以治愈。

处方2：氨苄青霉素15%油悬剂20毫升肌内注射，24小时1次，连用5天。除少数3周后尿中又出现本菌外，一般可以治愈。

三十三、牛传染性胸膜肺炎

牛传染性胸膜肺炎是由丝状支原体引起的一种传染性肺炎。以纤维素性胸膜肺炎为主要特征。

【病原】牛肺疫丝状支原体（星球丝菌）细小，多形，但常见球形，革兰氏染色阴性。多存在于病牛的肺组织、胸腔渗出液和气管分泌物中。日光、干燥和热均不利于本菌的生存，对苯胺染料和青霉素具有抵抗力，但1%来苏儿、5%漂白粉、1%～2%氢氧化钠或0.2%氯化汞均能迅速将其杀死。十万分之一的硫柳汞，十万分之一的“九一四”或每毫升含2万～10万国际单位的链霉素，均能抑制本菌。

【流行病学】自然病例仅见于牛，不同年龄、性别和品种的牛均能感染。病牛及带菌牛是本病的主要传染源。

本病一年四季都可发生，在新发病的牛群中常为暴发性流行，病势剧烈，发病率和病死率都比较高，且多为急性经过。潜伏期为2～4周。根据病的经过可分为急性和慢性两种类型。

【临床症状】急性型体温升高至40～42℃，稽留不退，呼吸次数剧增，张口喘气，鼻孔不时流出黏性或脓性分泌物，咳嗽次数少而低沉，胸部触诊有痛感，精神不振，食欲较差，时发腹泻，病程一般为5～8天，病死率较高。慢性型表现为清晨、晚间、运动、采食时，咳嗽明显。咳嗽时病牛站立不动，背拱起，颈直伸，直到呼吸道内分泌物被咳出，吞咽下为止。呼吸次数增多和腹式呼吸。症状时而明显，时而缓和。消化机能紊乱，进行性消瘦，病程可拖延两三个月，甚至长达半年以上。

【病理变化】特征性病变在胸腔，肺脏切面呈大理石样花纹和浆液纤维素性胸膜肺炎，胸膜常有纤维素附着物与肺发生粘连。

【实验室检查】补体结合反应和病原体的分离鉴定。

【类症鉴别】

1. 牛传染性胸膜肺炎与牛巴氏杆菌病（肺炎型）的鉴别诊断

［**相似点**］牛传染性胸膜肺炎与牛巴氏杆菌病（肺炎型）均有传染性，体温高（40～41℃），呼吸困难、咳嗽，流鼻液，胸部听诊有啰音、摩擦音，叩诊有疼痛、浊音区。

［**不同点**］牛巴氏杆菌病叩诊胸部无水平浊音区，垂皮、胸前、腹下无水肿。镜检可见两极浓染的杆菌。

2. 牛传染性胸膜肺炎与大叶性肺炎的鉴别诊断

［**相似点**］牛传染性胸膜肺炎与大叶性肺炎均体温高（40～41℃），呼吸快、困难，咳嗽，流鼻液，叩诊肺部有浊音。

［**不同点**］大叶性肺炎无传染性，充血期眼结膜充血、黄染，胸部叩诊呈清音；红色和灰色肝变期叩诊有浊音，流铁锈色或黄红色鼻液；溶解期听诊呈湿啰音、捻发音。

3. 牛传染性胸膜肺炎与牛副流感的鉴别诊断

［**相似点**］牛传染性胸膜肺炎与牛副流感均有传染性，体温高（41℃），流脓性鼻液，呼吸快、困难，咳嗽，有时腹泻。

［**不同点**］牛副流感有脓性结膜，大量流泪，消瘦，肌肉衰弱无力。用双份血清作副流感的中和试验或血凝抑制试验，如抗体滴度增加 4 倍或以上即为阳性。

4. 牛传染性胸膜肺炎与胸膜炎的鉴别诊断

［**相似点**］牛传染性胸膜肺炎与胸膜炎均体温高（39～40.5℃），咳嗽，胸部叩诊疼痛，有水平浊音，听诊有摩擦音。

［**不同点**］胸膜炎无传染性，胸廓下部水平随体位移动而变更，上部则呈鼓音。

5. 牛传染性胸膜肺炎与牛网尾线虫病的鉴别诊断

［**相似点**］牛传染性胸膜肺炎与牛网尾线虫病均有呼吸困难，咳嗽，流鼻液，听诊有啰音等症状。

［**不同点**］牛网尾线虫病体温不高，听诊无摩擦音。叩诊不疼，无水平浊音，鼻液、粪便可检出幼虫。

【防制】

1. 预防措施

牛场应采用自繁自养的方法，不从外地引入青年牛，是预防本病的首要措施，实施人工授精技术。牛场环境及牛舍应注意打扫，定期以5%来苏尔、2%氢氧化钠溶液进行消毒。1997年我国宣布已消灭了本病，故预防本病的疫苗也停止生产。

2. 发病后措施

处方1：①酒石酸泰乐菌素粉针10毫克/千克体重、注射用水20毫升，肌内注射，2次/天，连用5～7天。本品禁止与莫能菌素、盐霉素等同时使用。②盐酸壮观-克林霉素可溶性粉10毫克/千克体重，全群混饲，连用5～7天。

处方2：①左旋氧氟沙星注射液5毫克/千克体重，肌内注射，2次/天，连用5～7天。②10%延胡索酸泰妙菌素可溶性粉（以延胡索酸泰妙菌素计）80克/吨饲料，混饲，本品禁止与莫能菌素、盐霉素等同时使用。

三十四、弯曲菌病

弯曲菌病（弧菌病）是由弯曲菌引起的不同临床表现的一种传染病，主要表现为腹泻、流产、不育。该病分布于世界各地，也可感染人。

【病原】弯曲菌为革兰氏染色阴性菌，细长，弯曲呈S形或逗号状，能运动。弯曲菌对干燥、阳光和常用消毒药敏感。58℃加热5分钟即死亡。在干草、厩肥和土壤中20～27℃可存活10天，6℃ 20天。

【流行病学】胎儿弯曲菌亚种对人和动物均有感染性。可致牛散发性流产。主要存在于流产胎盘、胎儿胃内容物、病牛肠内容物、血液和胆汁中，其感染途径为消化道。胎儿弯曲菌性病亚种致牛不育和流产，主要存在于生殖道、流产胎盘和胎儿组织中，其感染途径为交配和人工授精。空肠弯曲菌致牛“冬痢”。从食物、水和未经消毒的牛奶中可分离到本菌。病牛和带菌动物是该病的传染源，它们可以通过粪便、牛奶或其他分泌物向外排菌，污染水源、饲料或食物。公牛与病母牛交配后，可将该病传给其他母牛。公牛带菌可长达 6 年。在宰杀猪禽的过程中，其产品易被污染

【临床症状】

(1) 弯曲菌性流产　弯曲菌性流产是由胎儿弯曲菌引起的流产。母牛在交配感染后，可引起阴道和子宫内膜炎，从阴门不时排出黏液。胚胎早期死亡并被吸收，从而不断发情，发情周期不规则或明显延长。有些怀孕母牛的胎儿死亡较迟，流产多发生于怀孕的第 5～6 个月，流产率 5%～20%，往往有胎衣滞留现象。牛经第一次感染获得痊愈后，一般不在发生感染。公牛感染后一般没有明显临床症状，精液也正常，但常常带菌。

(2) 弯曲菌性腹泻（冬痢）　弯曲菌性腹泻是由空肠弯曲菌引起的。牛感染空肠弯曲菌后发生的腹泻，又称“冬痢”。本病多发生于秋冬季节，大、小牛均可发病，呈地方性流行。潜伏期 3 天，病常突然而来，一夜之间可使 20%以上的牛发病，病牛排出恶臭、水样、棕色稀粪，并常含有血液。体温、呼吸、心跳正常。小肠蠕动亢进，产奶量下降 50%～95%。病情严重者，精神沉郁，食欲不振，弓背收腹，毛逆立，寒战虚脱，病程

2～3天，如治疗及时，很少发生死亡。

【实验室检查】

（1）病原学检查。

① 病料采集。流产病例一般采集母牛阴道分泌物、公牛包皮洗液、新鲜胎衣子叶、流产胎儿胃内容物等作为检验病料；腹泻病例，常取粪便、肠内容物等材料作为病料。

② 染色镜检。病料制成涂片，革兰氏染色镜检，可见呈“S”形、撇形或鸥形的革兰氏阴性弯曲菌，结合临床发病情况，可初步诊断。

③ 分离培养。病料接种于加有抗生素的鲜血琼脂平板（每毫升含杆菌肽2国际单位，新生霉素2微克，制霉菌素300国际单位），置于5%氧、10%二氧化碳和85%氮气培养环境（也可用烛缸法），37℃培养，纯分离物进行病原鉴定以确诊。

（2）血清学试验　用于弯曲菌病诊断的血清学试验有凝集试验、间接血凝试验、补体结合试验、免疫荧光抗体技术、酶联免疫吸附试验等。

【类症鉴别】注意与布鲁菌病、衣原体病、沙门氏菌病以及牛病毒性腹泻、黏膜病等类似疾病进行区别。

1. 弯曲菌病与阴道创伤的鉴别诊断

［**相似点**］弯曲菌病与阴道创伤均是在配种时发病，阴门流浆性分泌物。

［**不同点**］阴道创伤在阴道检查，可见阴道黏膜有创伤和肿胀，拱背努责，体温较高。分泌物检验无弯曲菌。

2. 弯曲菌病与阴道内异物的鉴别诊断

［**相似点**］弯曲菌病与阴道内异物均有较长时期内阴

门排出分泌物的症状。

[**不同点**] 阴道内异物开膣器检查，阴道黏膜无明显红肿，却有异物（辣椒、小木乃伊等）。

3. 弯曲菌病与产后子宫内膜炎的鉴别诊断

[**相似点**] 弯曲菌病与产后子宫内膜炎子宫内膜均有阴门长期（几个月）排出分泌物的症状。

[**不同点**] 产后子宫内膜炎多在产后发病。直肠检查，按压子宫敏感，并增加阴门分泌物的排泄。

4. 弯曲菌病与牛胎毛滴虫病的鉴别诊断

[**相似点**] 弯曲菌病与牛胎毛滴虫病均是配种 1～2 周后发病，阴道黏膜发炎，阴门排分泌物。

[**不同点**] 牛胎毛滴虫病的病原是滴虫。阴道黏膜有小疹样毛滴虫结节，触摸时粗糙如砂纸。流产多发生在 1～2 周而不是 5～6 个月。

5. 弯曲菌病与布鲁菌病的鉴别诊断

[**相似点**] 弯曲菌病与布鲁菌病均在配种后发病，阴道黏膜发炎，流分泌物，流产。

[**不同点**] 布鲁菌病有弛张热，阴道黏膜有小结节，流产多在孕后 6～8 个月，流产的胎衣有黄色胶样浸润，有的增厚有出血点，绒毛叶部分苍黄色，覆有纤维蛋白絮片或覆有脂肪样物。

【防制】

1. 预防措施

牛场应制订严格的消毒防病措施，场区及牛畜舍、饲养用具等应以 0.5％过氧乙酸、10％含氯石灰水、3％来苏尔、2％复合酚等进行喷洒消毒；淘汰有病种牛。弯

曲菌性流产是由交配传染的，发病牛场应对种公牛进行严格检疫，淘汰患病和带菌种公牛，最好改为人工授精。

2. 发病后措施

弯曲菌性流产母牛采用局部结合全身治疗可取得良好效果，可采用处方1、处方2进行治疗；弯曲菌性腹泻可采用处方3、处方4进行治疗。

处方1：①0.1%高锰酸钾溶液反复冲洗子宫，排净冲洗液后，注入宫净康1支，1次/天，连用3～5天。②催产素75～150国际单位/(头·次)，肌内注射，4小时后胎衣仍不能排出，可重复应用1次。③全群以恩诺沙星可溶性粉100克拌料100千克喂给，2次/天，连用3～5天。

处方2：①硫酸双氢链霉素15毫克/千克体重、注射用水10～20毫升，肌内注射，2次/天，连用3～5天。②葡萄糖生理盐水1000～2500毫升、左旋氧氟沙星注射液0.1毫升/千克体重、10%维生素C 10～20毫升，静脉注射，2次/天，连用3～5天。③0.1%高锰酸钾溶液反复冲洗子宫，排净冲洗液后，将1.5%露它净溶液30～40毫升与氯霉素注射液10毫升混匀后注入，1次/天，连用3～5天。④垂体后叶素50～100国际单位/(头·次)，肌内注射，连用1～2次。

处方3：①左旋氧氟沙星注射液0.1毫升/千克体重，肌内注射，2次/天，连用3～5天。②全群以硫酸新霉素预混剂100～150克/次，拌料混饲，2次/天，连用3～5天。③将1份量口服补液盐放入1000毫升（30℃左右）的温开水中，完全溶解后，供病牛饮用。

处方4：①氟苯尼考注射液10毫克/千克体重，肌内注射，1次/天，连用3～5天。②硫酸黏菌素预混剂（以硫酸黏菌素计）3～5毫克/千克体重，拌料混饲，1次/天，连用3～5天。③葡萄糖生理盐水1500毫升、10%葡萄糖注射液500毫升、

10%樟脑磺酸钠注射液 10～20 毫升、10%维生素 C 10～20 毫升，静脉注射，2 次/天，连用 3～5 天。

三十五、放线菌病

牛放线菌病（大颌病）是由放线菌引起的非接触性、慢性传染病。主要特征是在头、下颌、颈、乳房部位呈现特异性肉芽肿和慢性化脓灶。

【病原】病原主要有牛放线菌、伊氏放线菌和林氏放线杆菌等。这些细菌的抵抗力不强，易被普通浓度的常用消毒剂所杀死。

【流行病学】放线菌病的病原体广泛存在于污染的土壤、饲料和饮水中，或寄居于牛的口腔和上呼吸道中。牛常因饲喂含有病原菌的带刺的饲草如硬干草、大麦穗等，刺破口腔黏膜而感染发病，偶尔也可发生于换牙时。本病主要侵害 2～5 岁牛，多为散发，偶尔可呈地方性流行。

【临床症状】病牛上、下颌骨肿大，界限明显，肿胀进展缓慢，一般经过 6～18 个月才出现一个小而坚实的硬块。有时肿胀发展很快，牵连整个头骨。肿部初期疼痛，晚期无痛觉。病牛呼吸、吞咽和咀嚼均感困难，很快消瘦，有时皮肤化脓破溃，脓汁流出，形成瘘管，长久不愈。颌间软组织及颌下淋巴结肿大、变硬并破溃。当头、颈、颌间软组织被侵害时，发生无痛无热的硬肿块。舌和咽部组织被侵害时，舌呈弥漫性肿胀、变硬，充满口腔，称为“木舌病”，病牛流涎，咀嚼困难，周围淋巴结肿大形成脓肿。病牛乳房被侵害时，呈弥漫性肿大或有局限性硬结，乳汁黏稠、混有脓液，乳房淋巴结肿大。

【病理变化】 在受害器官形成扁豆大的结节，小结节可聚集成大结节最后形成脓肿，脓肿中含有乳黄色脓汁。若病原菌侵入骨骼，则见骨骼增生异常，体积增大，密度降低，形如蜂窝状，其中镶有细小脓肿，也可发现形成瘘管通过皮肤引流到口腔。

【实验室检查】 从脓汁中找到硫黄样颗粒，压片镜检，见有放射性结构的菌团，即可确诊。经革兰染色进一步鉴别牛放线菌和林氏放线杆菌。

【类症鉴别】

1. 牛放线菌病与齿槽骨膜炎的鉴别诊断

［**相似点**］牛放线菌病与齿槽骨膜炎均上颌或下颌肿大，咀嚼、吞咽困难，流涎，出现下颌瘘管。

［**不同点**］齿槽骨膜炎肿胀有热痛，表面平整，体温稍高。

2. 牛放线菌病与舌创伤的鉴别诊断

［**相似点**］牛放线菌病与舌创伤均有舌尖露于唇外，流涎，吃食困难等症状。

［**不同点**］舌创伤舌面可见创伤，不发硬。

【防制】

1. 预防措施

由于牛放线菌病为散发，且不能由病畜直接传给健畜，故对病牛一般不进行治疗而作淘汰处理。对牛场、牛舍每天应进行清扫和定期消毒，清除牛舍中的尖锐物体，尤其是栏架上的毛刺，以防发生外伤和感染。

2. 发病后措施

对症状较轻，治愈后不妨碍产乳的奶母牛，可应用碘制剂、环丙沙星联合治疗。

处方 1：①乳酸环丙沙星注射液 5 毫克/(千克体重·次)，肌内注射，2 次/天，连用 5～7 天。②阿莫西林可溶性粉 5～10 毫克/千克体重，混饮，1 次/天，连用 5～7 天。③碘化钾 2～5 克/(次·天)，拌料喂给，连用 3～5 天。

处方 2：①乳酸环丙沙星注射液 5 毫克/(千克体重·次)，肌内注射，2 次/天，连用 5～7 天。②病牛以阿莫西林可溶性粉 5～10 毫克/千克体重，混饮，1 次/天，连用 5～7 天。③葡萄糖生理盐水 500～1500 毫升、10%碘化钾 25～50 毫升，隔天静脉注射 1 次，连用 3～5 次。④以 12# 长针头刺入牛脓肿内部，以 0.5%聚维酮碘反复冲洗，排出脓液、坏死组织后，再度注入 0.5%聚维酮碘 20～50 毫升，留作治疗用。

三十六、钩端螺旋体病

钩端螺旋体病是一种人畜共患病和自然疫源性传染病，带菌率和发病率都较高。临床表现形式多样，如发热、黄疸、血红蛋白尿、出血性素质、流产、皮肤和黏膜的坏死、水肿等。

【病原】钩端螺旋体个体纤细、柔软，呈螺旋状，一端或两端可弯曲成钩。革兰氏染色不易着色，用姬姆萨染色呈淡红色，镀银法染色呈棕黑色。可在一般的水田、池塘、沼泽地里及淤泥中生存数月或更长。对热、酸、氯、肥皂及常用消毒剂均较敏感；千万分之三的氯溶液作用 3 分钟，直射日光照射 2 小时，56℃加热 30 分钟，均可将其杀死。

【流行病学】主要通过皮肤、黏膜或经消化道进入而感染；也可通过交配、人工授精而感染；在菌血症期间还

可通过吸血昆虫，如蜱、虻、蝇和水蛭传播。每年以7～10月为流行的高峰期，可呈地方性流行。本病可发生于各种年龄的家畜，但以幼龄发病较多，症状也较严重。

【临床症状】潜伏期一般为2～20天。急性病牛表现体温升高、厌食，皮肤干裂、坏死或溃疡。黏膜黄染，尿呈浓茶样，含有大量血红蛋白和胆色素等。常于发病后3～7天死亡。亚急性型常见于奶牛，病初有不同程度的体温升高，厌食，精神不振，黏膜水肿，产奶量显著下降或停乳，乳汁变黄常有血凝块，病牛很少死亡。流产是本病的重要症状之一，牛群大量流产可疑为本病。

【病理变化】急性型可见口腔黏膜溃疡，皮肤、黏膜及皮下组织大面积黄染。肝、心、肾和脾等实质器官有出血斑点。肝肿大、泛黄。肠系膜淋巴结肿大，膀胱积有深黄色或红色尿液。亚急性、慢性型病例肾外观苍白，表面或切面有灰白色结节样病灶。

【实验室检查】病原学和血清学检验。

【类症鉴别】

钩端螺旋体病与伊氏锥虫病的鉴别诊断

［**相似点**］钩端螺旋体病与伊氏锥虫病均有传染性，急性体温高（41℃左右），黄疸，贫血，慢性皮肤干燥。

［**不同点**］伊氏锥虫病是不定期间歇热（急性1～2天，慢性1～2个月），慢性耳、尾干枯，严重时部分或全部脱落，体表淋巴结肿大，血检可见锥虫。

【防制】

1. 预防措施

消灭自然疫源。牛场应坚持正常性的灭鼠、杀灭吸血昆虫，填平场区内的污水坑，排污道封盖完整，以避免人畜接触污物。在牛群中发现本病，应立即隔离，彻底消毒被污染的场地、牛舍、用具，病牛和带菌牛应设专人护理和饲养。注意个人防护，兽医工作者和饲养管理人员要做好个人防护工作，并接种钩端螺旋体多价疫苗，以防止自身感染。免疫接种，钩端螺旋体多价疫苗（人用）8～10毫升/头，皮下或肌内注射。本苗既可用来预防接种，也可用来进行紧急接种，2周内可以控制疫情。

2. 发病后措施

牛场发现感染牛，应视为全群感染，应采取隔离措施，进行全群治疗。

处方1：①电解多维300～500克、阿莫西林可溶性粉10～15毫克/(千克体重·次)，拌料混饲，2次/天，连续应用3～5天。②硫酸链霉素粉针15毫克/千克体重，注射用水稀释，肌内注射，2次/天，连用3～5天。

处方2：①电解多维300～500克、氟苯尼考可溶性粉1000～1500克/吨饲料，拌料混饲，连喂7天。②葡萄糖生理盐水500～1500毫升、10%抗坏血酸10～30毫升、复方康福那心注射液5～10毫升，静脉或腹腔注射，1～2次/天，连用3～5天。③阿莫西林粉针10～15毫克/千克体重，2次/天，连用3～5天。

三十七、结核病

结核病是由分枝杆菌引起的一种人、畜、禽共患的慢性传染病。

【病原】病原为牛分枝杆菌，革兰氏染色阳性，菌体形态为两端钝圆、短粗的杆菌，不形成芽孢和荚膜，无鞭毛，没有运动性，为严格需氧菌，抗酸染色。对湿热

的抵抗力较弱，100℃沸水中立即死亡，在5%来苏尔48小时、5%甲醛溶液12小时死亡，而在70%酒精、10%漂白粉中很快死亡。

【流行病学】 牛型结核分枝杆菌除感染牛外，还可引起人、猪、马等致病。传染源为结核病患牛和病人，结核杆菌随着鼻汁、唾液、痰液、粪尿、乳汁和生殖器官分泌物排出体外，污染饲料、饮水、空气和周围环境。通过呼吸道、消化道和生殖道传播。本病一年四季均可发生，牛舍阴暗潮湿、光线不足、通风不良、牛群拥挤、病牛与健牛同栏饲养、饲料配比不当及饲料中某些营养成分匮乏等因素，均可促进本病的发生和传播。

【临床症状】 牛常发生的是肺结核，病初食欲、反刍无变化，但易疲劳，常发干咳。继之咳嗽逐渐加重，呼吸次数增加、气喘，精神欠佳。病牛日渐消瘦、贫血，颌下、咽肩前、股前、腹股沟淋巴结肿大如拇指状，不热不痛，表面凸凹不平，有的破溃排出脓汁或干酪样物，不易愈合，常形成瘘管。乳房常被侵害，乳房淋巴结肿大，坚硬，无热无痛，泌乳量减少，乳汁一般无明显变化，严重时呈水样稀薄。肠道结核多发于犊牛，表现食欲不振，消化不良，顽固性下痢，迅速消瘦。生殖系统结核时，表现性机能紊乱，性欲亢进，频繁发情。孕牛流产、公牛睾丸肿大。结核病牛病状多样，临床症状不明显，较难以作出明确诊断，常需进行实验室检查。

【实验室检查】 确诊可进行结核菌素试验、病原镜检和培养鉴定。结核菌素试验：用牛结核菌素0.1毫升，皮内注射，观察72小时，若局部有明显的炎性反应，皮厚差在4毫米以上者，判为阳性。若红肿不显著，皮厚差在2～4毫米者为疑似。皮厚差在2毫米以内者为阴性。凡判为疑似的牛，30天后需复检1次，如仍为疑似，经30～50天再次复检，如仍为疑似可判为阳性。

【类症鉴别】

1. 结核病与支气管炎的鉴别诊断

［**相似点**］结核病与支气管炎均有咳嗽，吸冷气时易咳，呼吸增数等症状。

［**不同点**］支气管炎无传染性，体温稍高，体表淋巴结不肿大，不消瘦、贫血。

2. 结核病与牛白血病的鉴别诊断

［**相似点**］结核病与牛白血病均有体表淋巴结肿大，贫血等症状。

［**不同点**］牛白血病体温较高（41℃左右），颌下、垂皮水肿，不咳嗽，血检白细胞增至每立方毫米4万～5万甚至30万。

【防制】

1. 预防措施

发现可疑病例的牛群，可用结核菌素试验进行检疫，阳性牛、病牛均应进行淘汰；对污染的场所、用具等须以10％漂白粉或3％氢氧化钠进行彻底消毒。

2. 发病后措施

牛结核病发病率低、病程长、治疗见效慢、费用高，因此一般不进行治疗，而作淘汰处理。

三十八、副结核病

副结核病（副结核性肠炎）是由副结核分枝杆菌引

起的牛的一种慢性传染病。显著特征是顽固性腹泻和渐行性消瘦，肠黏膜增厚并形成皱襞。

【病原】副结核分枝杆菌属分枝杆菌属，与结核杆菌相似，为革兰氏阳性小杆菌，具抗酸染色特性。副结核分枝杆菌对湿热的抵抗力较弱，100℃沸水中立即死亡，在5%来苏尔48小时、5%甲醛溶液12小时死亡，而在70%酒精、10%漂白粉中很快死亡。

【流行病学】副结核分枝杆菌主要引起牛发病，特别是乳牛，依次为黄牛、牦牛、水牛，此外，绵牛、山牛、猪、马也可感染而发病。患病动物通过粪便排出大量病原菌污染环境，健康牛通过污染的饮水、草料等，经消化道而感染。当怀孕母牛患有副结核病时，可通过子宫传染给犊牛。

【临床症状】潜伏期6～12个月，甚至更长。早期为间断性腹泻，继之变为经常性的顽固拉稀，排出稀薄、恶臭且带有气泡、黏液和血块的粪便。起初食欲、精神尚好，渐变食欲减退、消瘦、脱水，精神变差，经常卧地，不愿起立。被毛粗乱，下颌及胸前水肿，体温常无变化。如腹泻不止，经3～4个月因衰竭而死。

【病理变化】尸体消瘦，主要病变在消化道和肠系膜淋巴结。空肠、回肠和结肠前段肠壁增厚，浆膜下淋巴管和肠系膜淋巴管肿大呈索状，浆膜和肠系膜显著水肿。肠黏膜增厚3～20倍，形成较硬而弯曲的脑回样纵横皱褶，肠黏膜色黄白或灰黄，皱褶突起处常呈充血状态，表面覆盖有大量的灰黄色或黄白色黏液。肠系膜淋巴结肿大2～3倍，呈串珠样，变软，切面多汁并有灰白色点状病变。

【实验室检查】 根据临床症状和病理变化可初步怀疑为本病，确诊需做病原学和血清学检验。

【类症鉴别】

1. 副结核病与牛肠卡他的鉴别诊断

[**相似点**] 副结核病与牛肠卡他均无体温变化，有间断性拉稀，腹泻止后排泄物恢复正常，排粪不费力。

[**不同点**] 牛肠卡他粪时干时稀无恶臭，不含气泡、黏液和凝血块，颌下、垂皮不水肿。

2. 副结核病与牛球虫病的鉴别诊断

[**相似点**] 副结核病与牛球虫病体温不高，顽固拉稀，粪中含有黏液、血液，有恶臭，消瘦，贫血。

[**不同点**] 牛球虫病多发生于1个月以上2岁以内的犊牛（副结核虽犊牛也感染，但出现症状常为3～6年母牛），急性病初体温不高，1周后可能升至40～41℃，后期粪全为血液且为黑色。直肠黏膜刮取物可检有卵囊。

3. 副结核病与牛沙门氏菌病的鉴别诊断

[**相似点**] 副结核病与牛沙门氏菌病拉稀，粪有凝血块、黏液，有恶臭，逐渐消瘦。

[**不同点**] 牛沙门氏菌病的病原为沙门氏菌，体温可达40～41℃，粪中有纤维素块、黏膜，腹痛剧烈，结膜充血、黄染。

【防制】

1. 预防措施

认真搞好饲养管理和卫生工作，给以全价平衡营养，消除发病的应激因素，以增强牛的抗病能力。疫区牛场每年要做4次变态反应检查，对有临床症状或反应阳性

的牛，应作扑杀处理。严格消毒，牛场应制订严格的消毒防病措施，场区及牛畜舍、饲养用具等应以10%含氯石灰水、1%优氯净、2%氢氧化钠等进行喷洒消毒。

2. 发病后措施

副结核病尚无有效疗法，用硫酸链霉素、异烟肼等进行治疗有一定效果。但病程长，见效慢，一般还是以淘汰病牛为好。

处方1：①电解多维300～500克/吨、硫酸新霉素预混剂100～150克/(次·头)，拌料混饲，2次/天，连续应用7天为一疗程。②硫酸链霉素粉针15毫克/千克体重，注射用水稀释，肌内注射，2次/天，连用7天为1个疗程。休息1～2天，开始第2个疗程。

处方2：①硫酸链霉素粉针15毫克/千克体重，注射用水稀释，肌内注射，2次/天，连用5～7天。②异烟肼2～3克/(头·次)，灌服，3次/天，连用5～7天。休息1～2天，开始第2个疗程。

三十九、莱姆病

莱姆病是由伯氏疏螺旋体引起的人和多种动物共患传染病。临床表现以叮咬性皮损、发热、关节炎、脑炎、心肌炎为特征。

【病原】 莱姆病的病原体为一种螺旋体，称为伯氏疏螺旋体，本菌呈细长螺旋状，长7～20微米、宽0.2～0.3微米，具有高度的侵入特性，在30～34℃适宜培养温度下，一世代时间是720小时。伯氏疏螺旋体在蜱叮咬人或动物时，随蜱唾液进入皮肤，经2～32天潜伏期，病菌在皮肤中扩散，造成皮肤损伤，进入血液后，引起牛发热，精神沉郁，四肢无力，关节肿大，跛行。病初轻度腹泻，继之出现水样腹泻。早期怀孕母牛感染后可发生流产。

【流行病学】多种动物对本病均有易感性。病原体主要通过蜱类（我国一些地方俗称草耙子）作为传播媒介，蜱的感染途径主要是通过叮咬宿主动物而传染。有些硬蜱还可以经卵垂直传播。直接接触也能发生感染。

本病的流行与硬蜱的生长活动密切相关，因而具有明显的地区性，在蜱能大量生长繁衍的山区、林区、牧区此病多发，同时还具有明显的季节性，多发生于温暖季节，一般多见于夏季的6～9月，冬春一般无病例发生。

【临床症状】牛感染时表现发热，精神沉郁，身体无力，跛行，关节肿胀疼痛。病初轻度腹泻，继之出现水样腹泻。奶牛产奶量减少，早期怀孕母牛感染后可发生流产。有些病牛出现心肌炎、肾炎和肺炎等症状。可从感染牛的血液、尿液、关节液、肺和肝脏中检出病菌。

【病理变化】动物常在被蜱叮咬的四肢部位出现脱毛和皮肤剥落现象。牛的心和肾表面可见苍白色斑点，腕关节的关节囊显著变厚，含有较多的淡红色浸液，同时有绒毛增生性滑膜炎，有的病例胸腹腔内有大量的液体和纤维素，全身淋巴结肿胀。

【实验室检查】应用最普遍的是免疫荧光抗体试验和酶联免疫吸附试验，以后者较为敏感。

【类症鉴别】

1. 莱姆病与关节炎的鉴别诊断

［**相似点**］莱姆病与关节炎均有关节肿胀，跛行等

症状。

［**不同点**］关节炎不出现趾间、乳房红色斑疹，不出现蹄叶炎和孕畜流产。

2. 莱姆病与蹄叶炎的鉴别诊断

［**相似点**］莱姆病与蹄叶炎均有蹄壁增温，叩诊疼痛，不能持久负重，跛行等症状。

［**不同点**］蹄叶炎关节不肿胀，不出现趾间、乳房红色斑疹。

【防制】

1. 预防措施

应避免家畜进入有蜱隐匿的灌木丛地区。采取保护措施，防止人和动物被蜱叮咬。受本病威胁的地区，要定期进行检疫，发现病例及时治疗。对感染动物的肉应高温处理，杀灭病菌后方可食用。采取有效措施灭蜱。

2. 发病后措施

早期用抗生素治疗，治愈率高。未及时治疗者、并发多器官损害者疗效欠佳。因此早期诊断，早期治疗很重要。

处方 1：①氯唑西林钠粉针 5～10 毫克/(千克体重·次)，肌内注射，2 次/天，连用 3～5 天。②复方氨基比林注射液 10～20 毫升/(头·次)，2 次/天，连用 3～5 天。③全群以硫氰酸红霉素可溶性粉 5 毫克/(千克体重·次)，混饲，2 次/天，连用 3～5 天。

处方 2：①苯唑西林钠 10～15 毫克/(千克体重·次)，肌内注射，2～3 次/天，连用 3～5 天。②葡萄糖生理盐水 1500 毫升、盐酸多西环素粉针 5 毫克/千克体重、10％樟脑磺酸钠注射液 10～20 毫升、10％维生素 C 10～20 毫升、30％安乃近 10～20

毫升，静脉注射，2 次/天，连用 3～5 天。③肿胀的关节涂以鱼石脂软膏，1 次/天，连用 3～5 天。

四十、衣原体病

衣原体病是由鹦鹉热衣原体和反刍动物衣原体引起的多种动物和人类的共患传染病。表现为流产、肺炎、肠炎、脑炎、多发性关节炎、结膜炎等。

【病原】 衣原体对外界环境的抵抗力较强，对热敏感，在 56～60℃仅能存活 5～10 分钟。紫外线照射可迅速使其死亡。2%甲醛溶液、0.1%新洁尔灭、3%碘酊等均可于短时间内将其杀死。

【流行病学】 病牛和带菌者是本病的主要传染源，它们由粪便、尿液、乳汁、流产的胎儿、胎衣和羊水排出衣原体污染环境，经消化道、呼吸道或眼结膜传染给健康牛。各种年龄的牛均可感染发病，初产牛主要表现流产，流产多发生于怀孕后期，流产率高达 60%。一般预后良好，很少发生不育和再次流产。

【临床症状】

（1）新生犊牛衣原体性肠炎　可使犊牛发生腹泻、低热和鼻分泌物增多。病的程度取决于犊牛的年龄和初乳的质量。未吃初乳的犊牛易于感染。

（2）犊牛衣原体性支气管肺炎　以 2～3 周龄的犊牛最为易感，在停喂母乳转入普通牛栏时也易发病。本病以犊牛的发热、鼻炎、支气管炎、肺炎和腹泻为其主要特征。

（3）多发性关节炎——浆膜炎　多在出生后数周发病。患牛腿部疼痛，行动缓慢，关节肿大，周围水肿，

关节液浑浊，呈灰黄色，内含大小不等的纤维蛋白凝块。肝和肠浆膜无光泽，有网状纤维附着。心包和胸膜也出现纤维素沉着。一般在出现临床症状后1～2周死亡。

（4）散发性脑脊髓炎　患牛出现明显的神经症状，常发生于3岁以内的牛。死亡率高达50%左右。

（5）衣原体性流产　一般发生在怀孕后6～9个月，流产率可达20%。流产的胎儿黏膜和皮下组织有什突大的出血点，有大量腹水，肝肿胀，呈淡红黄色。主要由衣原体在子宫内膜细胞内繁殖，引起子宫内膜炎所致。也可导致不孕症。公牛感染后，可引起精囊炎、精液中含有多量白细胞及无活力的畸形精子。衣原体可通过精液传染给母牛，使子宫感染，而导致不孕。

（6）衣原体性乳房炎　衣原体侵害乳房时，可见乳房明显肿胀、发热、水肿、发硬，产奶量下降，牛奶变成带有多量白色纤维素的凝块，呈黄色液体。此外，衣原体可引起牛的角膜结膜炎。

本病表现多样，临床上较难作出诊断，对疑似病牛应尽早进行实验室检查。

【类症鉴别】

1. 衣原体病与睾丸炎（慢性）的鉴别诊断

［**相似点**］衣原体病与睾丸炎均有睾丸缩小变硬的症状。

［**不同点**］睾丸炎无传染性。慢性之前的急性过程时睾丸肿大热痛，精索变粗，步强拘。

2. 衣原体病与布鲁菌病（公牛）的鉴别诊断

［**相似点**］衣原体病与布鲁菌病均有传染性。睾丸、

附睾肿大，触之坚硬。

［**不同点**］布鲁菌病急性期阴茎潮红肿胀，间或有小节，3 周后转为慢性，症状减轻。布鲁菌血清凝集反应阳性。

3. 衣原体病与公牛结核病的鉴别诊断

［**相似点**］衣原体病与公牛结核病均有传染性。睾丸、附睾肿大。

［**不同点**］公牛结核病体表淋巴结肿大，阴茎前部发生小结节、糜烂，还有气喘。结核菌素试验阳性。

【防制】

1. 预防措施

牛场应坚持定期以 0.1%新洁尔灭、2%甲醛溶液消毒，以杀灭病原。牛场内不得养鸡、鸽和其他鸟类，以免传染病原。

2. 发病后措施

流产病牛采用处方 1、处方 2 治疗；肺炎及肠炎病牛采用处方 3、处方 4 治疗；脑炎病牛采用处方 5、处方 6 治疗；多发性关节炎、结膜炎病牛采用处方 7、处方 8 治疗。

处方 1：①土霉素注射液 5～10 毫克/千克体重，1 次/天，肌内注射，连用 3～5 天。②0.1%高锰酸钾溶液反复冲洗子宫，排净冲洗液后，将 1.5%露它净溶液 30～40 毫升与氯霉素注射液 10 毫升混匀后注入，1 次/天，连用 3～5 天。③催产素 75～150 国际单位/(头·次)，肌内注射，4 小时后可重复应用 1 次。④全群以头孢羟氨苄可溶性粉 30～40 毫克/千克体重（以头孢羟氨苄计)，2 次/天，连用 3～5 天。

处方 2：①全群以电解多维 300 克/吨、氟苯尼考可溶性粉

1000～1500克/吨，拌料混饲，连喂3～5天。②5%左旋氧氟沙星注射液0.1毫升/千克体重，肌内注射，2次/天，连用3～5天。③1.5%露它净溶液反复冲洗子宫，排净冲洗液后，注入氯霉素注射液10毫升，1次/天，连用3～5天。

处方3：①葡萄糖生理盐水1500～2500毫升、盐酸多西环素粉针5毫克/千克体重、10%樟脑磺酸钠注射液10～20毫升、10%维生素C 10～20毫升、30%安乃近10～20毫升，静脉注射，2次/天，连用3～5天。②复方氨基比林注射液10～20毫升/次，肌内注射，2次/天，连用3～5天。③白头翁散200克/(头·次)，1次/天，腹泻病牛灌服；白矾散200克/(头·次)，1次/天，咳嗽病牛灌服。

处方4：①复方氨基比林注射液10～20毫升/次，肌内注射，2次/天，连用3～5天。②葡萄糖生理盐水1500毫升、氨苄西林钠粉针25毫克/千克体重、10%樟脑磺酸钠注射液10～20毫升、醋酸地塞米松10毫克/头、30%安乃近10～20毫升，静脉注射，2次/天，连用3～5天。③清肺止咳散350克/(头·次)，温开水冲匀，灌服，1次/天，连用3～5天。

处方5：①10%葡萄糖注射液1500毫升、5%碳酸氢钠注射液250～500毫升、磺胺甲噁唑注射液首次量100毫克/千克体重（维持量50毫克/千克体重)、10%樟脑磺酸钠注射液10～20毫升、醋酸地塞米松10毫克/头，静脉注射，2次/天，连用3～5天。②30%安乃近10～20毫升/(头·次)，肌内注射，1～3次/天。③头孢羟氨苄可溶性粉（以头孢羟氨苄计）40毫克/(千克体重·次)，全群混饲，2次/天。

处方6：①10%葡萄糖注射液1500毫升、20%甘露醇1500毫升、5%碳酸氢钠注射液250～500毫升、复方磺胺嘧啶钠注射液首次量60毫克/千克体重（以磺胺嘧啶钠计，维持量30毫克/千克体重)，静脉注射，2次/天，连用3～5天。②10%

樟脑磺酸钠注射液10～20毫升/(头·次)，肌内注射，2～3次/天。③醋酸地塞米松10毫克/头，肌内注射，2～3次/天。

处方7：①肿大关节涂抹鱼石脂软膏，1次/天，连用数天。②氯唑西林钠粉针5～10毫克/(千克体重·次)，肌内注射，2次/天，连用3～5天。

处方8：①注射用氨苄西林钠0.5克、0.5%盐酸普鲁卡因10毫升，以9#注射针头刺入睛明穴，缓慢注射，注意不得刺入眼球内，1次/2天。②以红霉素眼药膏点眼，2次/天，连用数天。③决明散350克、蜂蜜60克、鸡蛋2枚，温开水冲匀，一次灌服，1次/天，连用3～5天。

四十一、附红细胞体病

附红细胞体病是由温氏附红细胞体引起的以发烧、黄疸和贫血为主要临床特征的一种传染病。

【病原】附红细胞体属立克氏体目无浆体科附红细胞体属。直径为0.3～2.5微米，在血液中呈圆形、逗点状、哑铃状等形态，成单个生长或成团寄生，也可于血浆中快速游动、伸展、扭转等。对干燥和化学药物比较敏感，一般常用消毒药在几分钟内即可使其死亡，但对低温冷冻的抵抗力较强，可存活数年之久。

【流行病学】附红细胞体寄生的宿主有鼠类、绵牛、山牛、牛、猪、狗、猫、鸟类和人等。报道较多的传播途径有接触性传播、血源性传播、垂直传播及媒介昆虫传播等。动物之间，人与动物之间长期或短期接触可发生传播。用被附红细胞体污染的注射器、针头等器具进行人、畜注射，或因打耳标、剪毛、人工授精等可经血液传播。该病多发于高热、多雨且吸血昆虫繁殖滋生的季节。

【临床症状】 病牛最初食欲减少，反刍减弱，行走无力，双眼流泪，随着病情发展，病牛体温高达41℃左右，呈稽留热。呼吸加快，心律快，瘤胃蠕动音减弱，病牛出现便秘，继而腹泻，排出稀软或水样带血的粪便，尿量减少，尿中带血。眼结膜苍白。病牛逐渐消瘦，四肢无力。病后期体温下降至常温，可视黏膜苍白、黄疸，严重者卧地不起至死亡。

【病理变化】 尸体消瘦，可视黏膜苍白，血液稀薄、色淡，凝固不良，皮下、浆膜下及全身脏器有出血点。腹水多呈淡黄色。肝肿大，边缘钝圆，质软，呈土黄色；胆囊肿大，充满胆汁；脾肿大出血，呈土黄色；心肌扩张，质软；皱胃及小肠黏膜呈弥漫性出血、水肿。

【实验室检查】

1. 压滴检查

取抗凝血1滴在洁净的载玻片上，加等量的生理盐水与之混合，覆以盖玻片，立即在低倍镜下观察，然后转到油镜下观察，见到红细胞变形，周围很多小球状的微生物，在血浆中也有游离出来的单个的个体，在不停地转动，一个红细胞一般都有7～12个附着，微调显微镜可见底部正常的红细胞，可见附有虫体的红细胞比正常的红细胞相对密度小，严重感染的红细胞缩小到只有正常的1/4，整个红细胞呈刺球状。整个视野在微微颤动。

2. 涂片检查

取抗凝血涂片，无水乙醇固定，姬姆萨染色，油镜下观察。见红细胞变得不规则，周围有小球状微生物，呈紫红色，染色较深，微调显微镜，可见折光性很强的小体。形状以圆形的居多，也有椭圆形的。没发现其他原虫。

3. 离心血涂片

在离心管中加2%柠檬酸钠生理盐水2～3毫升，再加病畜血液2毫升，混匀后以500转/分钟离心5分钟。取上清液以2500转/分钟离心10分钟，取沉渣涂片，姬姆萨染色检查。见红细胞都变形，周围很多小球状物。没有发现其他原虫。

【防制】

1. 预防措施

温暖季节应定期喷洒杀虫剂，以杀灭蚊、蝇、蜱、牛虻、体虱、跳蚤等吸血昆虫，消灭传染媒介。平常应加强牛群的饲养管理，供给全价饲料和清洁饮水，做好夏季防暑，冬季保暖工作。

2. 发病后措施

处方1：①三氮脒粉针3～5毫克/千克体重，临用前以生理盐水配成5%～7%的溶液，分点深部肌内注射，必要时，可于3天后再注射1次。②0.1%维生素B_{12} 2毫克/(次·天)，1次/天，连用3次。

处方2：①新砷凡纳明（九一四）15～25毫克/千克体重、葡萄糖生理盐水500～1500毫升，静脉注射，间隔2～3天重复1次，2～3次为一疗程。②多西环素10～15毫克/千克体重，肌内注射，2次/天，连用3～5天。③0.1%维生素B_{12} 2毫克/(次·天)，1次/天，连用3次。

处方3：①黄色素3～5毫克/千克体重，以生理盐水配成0.5%溶液，静脉注射，1次/天，连用4天。②0.1%维生素B_{12} 2毫克/(次·天)，1次/天，连用3次。

四十二、无浆体病

无浆体病是由无浆体引起的反刍动物的一种血液传染病，其特征为高热、贫血、消瘦、黄疸和胆囊肿大。

【病原】 致病性的无浆体有边缘无浆体、中央无浆体、有尾无浆体和牛无浆体。无浆体几乎没有细胞浆，由致密的球菌样团块所组成，在红细胞内95%位于边缘，一般含有1～3个。用姬姆萨染色法染色呈紫红色。边缘无浆体病原性强，引起的症状也较重。对外界环境的抵抗力不强，对干燥、阳光、常用消毒剂和广谱抗生素均敏感。

【流行病学】 黄牛是无浆体的特异宿主，水牛、野牛、骆驼、牛、山牛等也可感染发病，幼龄动物有一定抵抗力。患病动物和带菌动物为主要传染源，蜱是本病的主要传播媒介，多为机械性传播；牛虻、厩蝇及多种吸血昆虫可传播本病，消毒不彻底的医疗器械也可引起传染。一般发生于炎热季节，我国南方于4～9月多发，北方在7～9月以后发生。

【临床症状】 潜伏期17～45天，体温突然升高至40～42℃，鼻镜干燥，食欲减退，反刍减少，皮肤和黏膜变为苍白和黄染。常伴有顽固性的前胃弛缓，粪暗黑，常有血液或黏液。病畜体表有蜱附着。大多数器官的变化都与贫血有关。尸体消瘦，内脏器官脱水、黄染。体腔有少量渗出液。颈部、胸下与腋下部位皮下轻度水肿。心内外膜以及其他浆膜上有大量瘀斑。

【实验室检查】 血涂片检查可作出确切诊断。

【类症鉴别】

1. 无浆体病与牛双芽巴贝斯焦虫病的鉴别诊断

[**相似点**] 无浆体病与牛双芽巴贝斯焦虫病均有传染性，体温高（40～41.5℃），呈稽留热，食欲下降，沉郁，有下痢或便秘，黄疸，贫血。

[**不同点**] 牛双芽巴贝斯焦虫病的病原是双芽巴贝斯焦虫。通常有血红蛋白尿出现，在初期发热时，采外周血液镜检，可见红细胞内有长度大于红细胞半径的环形、椭圆形、梨形的虫体，无浆体病眼睑、颈部水肿，尿清亮，血检可见无浆体在红细胞内的边缘。

2. 无浆体病与牛巴贝斯焦虫病的鉴别诊断

[**相似点**] 无浆体病与牛巴贝斯焦虫病均有传染性，体温高（41℃），呈稽留热，食欲减退，贫血，黏膜苍白、黄疸。

[**不同点**] 牛巴贝斯焦虫病的病原是牛巴贝斯焦虫病，出现尿频，血红蛋白尿，出现红尿，3～4天时体温即下降，尿色变清，血检红细胞内虫体尖端相对形成钝角。无浆体病眼睑、颈部水肿，血检可见无浆体在红细胞内的边缘。

3. 无浆体病与牛环形泰勒焦虫病的鉴别诊断

[**相似点**] 无浆体病与牛环形泰勒焦虫病均有传染性，体温高（39～41.8℃），呈稽留热，精神不振，食欲不佳，血液稀，红细胞减少，无血红蛋白尿，贫血，黄染。

[**不同点**] 牛环形泰勒焦虫病鼻流清白黏液，眼角膜灰色，视力受损，流泪。先便秘后下痢，粪带黏液和血液，发病季节在6～8月，7月为高峰。血检虫体大于无

浆虫，呈戒指状、椭圆形、逗点状、杆状、圆点状、十字形。

4. 无浆体病与钩端螺旋体病的鉴别诊断

[**相似点**] 无浆体病与钩端螺旋体病均有传染性，体温高（40～42℃），黄疸，食欲减少等症状。

[**不同点**] 钩端螺旋体病常见皮肤干裂、坏死和溃疡，血红蛋白尿，流产。血检可见“O”“S”“8”形菌体。

5. 无浆体病与菜籽饼中毒的鉴别诊断

[**相似点**] 无浆体病与菜籽饼中毒均有精神沉郁，食欲减退，黏膜苍白、中度黄疸，腹泻、流泪等症状。

[**不同点**] 菜籽饼中毒因吃菜籽饼而发病。一般体温正常或偏低，血红蛋白尿。如神经型还出现烦躁不安，目盲，呼吸型则呼吸困难，皮下气肿，感光过敏型皮肤瘙痒。胃肠炎、血尿、尿液溅起多量泡沫和视觉障碍等症状可初步诊断为菜籽饼中毒。

【防制】

1. 预防措施

温暖季节应定期喷洒杀虫剂，以杀灭蜱、蚊、蝇、牛虻、体虱、跳蚤等吸血昆虫，消灭传染媒介。免疫接种，目前尚无可供使用的疫苗。

2. 发病后措施

处方 1：①土霉素注射液 5～10 毫克/千克体重，肌内注射，1 次/天，连用 3～5 天。②健胃散 300～500 克/(次・头)，1 次/天，连续应用 7～10 天。③0.1%维生素 B_{12} 2 毫克/(次・天)，1 次/天，连用 3 次。

处方 2：①三氮脒粉针 3～5 毫克/千克体重，临用前以生理盐水配成 5%～7%的溶液，分点深部肌内注射，必要时，可于 3 天后再注射 1 次。②0.1%维生素 B_{12} 2 毫克/(次 · 天)，1 次/天，连用 3 次。③全群以健胃散 250 克/头，1 次/天，连用 7 天。

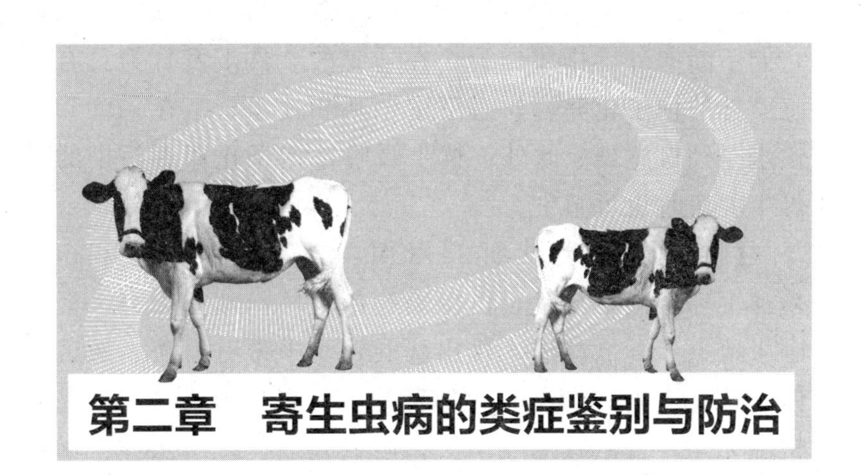

一、球虫病

牛球虫病是由牛球虫寄生于牛肠道黏膜上皮细胞内而引起的原虫病。临床上以出血性肠炎、渐进性消瘦和贫血为主要特征。

【病原】 引起牛球虫病的病原主要是邱氏艾美耳球虫和牛艾美耳球虫。邱氏艾美耳球虫主要寄生于直肠，有时在盲肠和结肠下段也可发现。卵囊为圆形或椭圆形，无卵膜孔，低倍显微镜下观察时为无色，而在高倍显微镜下呈淡玫瑰色，原生质团几乎充满卵囊腔。牛艾美耳球虫寄生于小肠、盲肠和结肠。卵囊呈椭圆形，大小为(27～29)微米×(20～21)微米。卵膜孔不明显，有内残体，无外残体。在低倍显微镜下呈淡黄至玫瑰色。

【流行病学】 主要危害 2 岁以内的犊牛，死亡率也高。成年牛多为带虫者。一般多发生于每年的 4～9 月，特别是在潮湿、多沼泽的牧场上放牧时，易造成本病的流行。本病的主要传染源为成年带虫牛及临床治愈的牛，它们不断向外界排放卵囊，在适宜的条件下发育为具有感染性的孢子化卵囊，污染了饲料和饮水，牛在采食和饮水时经口感染。此外，犊牛吸吮被孢子化卵囊污染的母牛乳房时也可感染。

【临床症状】潜伏期2～3周，多呈急性经过。病初精神沉郁，被毛粗乱，体温略高或正常，站立无力，喜卧于地上。食欲减退，排出稀粪，粪中带有血液。随后体温升高至40～41℃，机体消瘦，可视黏膜苍白，被毛粗乱无光，食欲减退或消失，肠音亢进，排出水样、咖啡色稀粪，粪中带有脱落的肠黏膜碎片和凝血块，后期粪便呈黑色，几乎全为血液，体温下降到36℃以下，卧地不起，在极度贫血和衰竭的情况下死亡。

【病理变化】尸体极度消瘦，可视黏膜苍白。肛门松弛、外翻，后肢和肛门周围被粪便污染。肠系膜淋巴结肿大。直肠黏膜肥厚，有出血点和出血斑。淋巴滤泡肿大突出，有白色和灰色的小病灶、溃疡，其表面覆有凝乳样薄膜。直肠内容物呈褐色，恶臭，含纤维性薄膜和黏膜碎片。

【实验室检查】饱和盐水漂浮法检查粪便，发现大量卵囊时即可确诊。

【类症鉴别】

1. 牛球虫病与犊牛大肠杆菌病的鉴别诊断

[**相似点**] 牛球虫病与犊牛大肠杆菌病均体温高(40℃)，拉稀，粪中含血，喜卧，尾有粪污。

[**不同点**] 犊牛大肠杆菌病多发生于10日龄以内的幼犊（球虫病1月龄以上、2岁以内），粪多粥样黄色，

水样灰白色，混有凝乳块、凝血块和泡沫，酸败味。常有腹痛（蹴腹），并发脐炎、关节炎。

2. 牛球虫病与犊牛沙门氏菌病的鉴别诊断

［**相似点**］牛球虫病与犊牛沙门氏菌病均有传染性，体温高（40～41℃），粪中混有血液，有恶臭，消瘦快。

［**不同点**］犊牛沙门氏菌病的犊牛多在病后 3～5 天死亡。病期延长时，腕、跗关节可能肿大，有的还有支气管炎、肺炎。成年牛下痢后体温略高或正常，黏膜充血、发黄，腹剧痛，从流产胎儿中可发现病原菌，粪中无卵囊。

3. 牛球虫病与犊牛肠炎的鉴别诊断

［**相似点**］牛球虫病与犊牛肠炎均体温高（40℃左右），拉稀，粪中含有血液，绝食，肛门尾根有粪污，沉郁喜卧。

［**不同点**］犊牛肠炎无流行性。粪中含有黏液、血液，腥臭，结膜充血。

4. 牛球虫病与牛副结核性肠炎的鉴别诊断

［**相似点**］牛球虫病与牛副结核性肠炎均有消瘦，贫血，拉稀，粪中有黏膜碎片，有恶臭，尾部有粪污等症状。

［**不同点**］牛副结核性肠炎的体温不高，3～6 岁母牛发病，食欲良好，排粪不吃力，后期排粪频繁。颌下、垂皮有水肿，粪中含有黏膜片。采黏膜片或直肠刮取物镜检，有鲜红杆菌成丛排列，用禽结核菌素作变态反应阳性。

5. 牛球虫病与犊牛轮状病毒感染的鉴别诊断

［**相似点**］牛球虫病与犊牛轮状病毒感染均有拉稀，

粪中带血，精神委顿等症状。

[**不同点**] 犊牛轮状病毒感染多发生于1～10日龄初生犊牛，多流行于3～4月，突然发生，迅速传开。病初食欲、反刍、体温、心跳、呼吸无明显改变，稀粪水样如喷射状，黄绿色，病久才含血液，病死率仅1%～4%。粪中无卵囊。

【防制】

1. 预防措施

（1）卫生管理。牛场和牛舍应每天进行打扫，将粪便及污物运往储粪池进行发酵处理后，作肥料，并以5%氢氧化钠热溶液消毒。保持饲料、饮水清洁。

（2）分开饲养。成年牛可能是球虫携带者，故犊牛与成年牛要分开饲养，以防犊牛被球虫卵囊所感染。

2. 发病后措施

处方1：①磺胺二甲基嘧啶0.1克/千克体重、甲氧苄氨嘧啶25毫克/千克体重、次硝酸铋20克、小苏打50克、颠茄酊20毫升，温水调灌服，1～2次/天，连用3～5天。②0.1%维生素B_{12}注射液2毫升，肌内注射，1次/天，连用3～5天。③安络血注射液50～100毫克/次，肌内注射，2～3次/天，连用3～5天。

处方2：①白头翁散200～250克/头，温水调灌服，1次/天，连用3～5天。②葡萄糖生理盐水注射液1500～2500毫升、10%安钠咖20毫升、磺胺间甲氧嘧啶钠注射液50毫克/千克体重、5%碳酸氢钠注射液200～250毫升，静脉注射，2次/天，连用3～5天。③0.1%维生素B_{12}注射液2毫升，肌内注射，1次/天，连用3～5天。④安络血注射液50～100毫克/次，肌内注射，2～3次/天，连用3～5天。

处方 3：①成年病牛用氯苯胍，400 毫克/头，磺胺二甲基嘧啶，10 毫克/千克体重，1 次/天，连用 4 天，犊牛减量。②全群牛采用氯苯胍拌料口服，成年牛 200 毫克/头，1 次/天，连用 7 天。犊牛按 25 毫克/千克体重投服氨丙啉，2～3 次/天。

二、牛囊尾蚴病

牛囊尾蚴病（牛囊虫病）是由寄生在人肠道的牛带绦虫的幼虫寄生于牛肌肉中而引起的寄生虫病。中间宿主主要是黄牛、水牛，绵牛、山牛、羚牛和鹿也可作为中间宿主，人类则是终末宿主。牛囊尾蚴多寄生在中间宿主的横纹肌、脑、眼和其他内脏器官中。本病严重危害人和牛动物的健康。

【病原】牛囊尾蚴呈灰白色、半透明的囊泡状，囊内充满液体。囊壁一端有一内陷的粟粒大的头节，其上有 4 个吸盘，无顶突和小钩。牛带绦虫呈乳白色、带状，头节上有 4 个吸盘，无顶突和小钩，故又称之为无钩绦虫。雌雄同体，虫卵呈球形，黄褐色，内含六钩蚴。成虫寄生于人的小肠。孕节随粪便排出体外，污染牧地和饮水。当中间宿主——牛吞食虫卵后，六钩蚴在小肠中逸出，钻入肠黏膜血管，随血液循环到达全身肌肉，逐渐发育为牛囊尾蚴。人误食了含牛囊尾蚴的牛肉而感染。在小肠经 2～3 个月的发育，成为牛带绦虫并开始排出孕节，成虫每天约能生长 8～9 个节片，成虫在体内的寿命一般为 3～35 年。牛带绦虫卵对外界环境抵抗力较强，在干草堆存活 22 天，在牧地上存活 159 天，－30℃存活 16～19 天，－5～4℃存活 168 天。人是牛带绦虫唯一的终末宿主。

【临床症状】牛患囊尾蚴病多不表现临床症状，在大量感染或是某一器官受害时才见到症状。多表现为营养不良，生长受阻，贫血、水肿。如喉头受害时，可出现呼吸困难，声音嘶哑和吞咽困难；眼睛受害时，则出现视力障碍甚至失明；大脑受害时，可表现癫痫症状，有时产生急性脑炎，或突然死亡。

【病理变化】牛囊尾蚴寄生于咬肌、舌肌、颈部肌、肋间肌、肩胛肌、臀部肌、心肌与膈肌等部位。严重感染时全身肌肉均可寄生，偶见于肝、肺、淋巴结等器官。牛囊尾蚴约黄豆大，呈乳白色囊泡状，囊内充满液体，囊壁上有一个乳白色小结。将此小结制成压片用低倍显微镜观察，可见到头节上的四个吸盘。

【防制】

1. 预防措施

宰杀场发现患囊尾蚴病牛，应彻底煮熟后出售。感染严重的病尸可炼油供工业用。养牛场饲养管理人员，要定期以灭绦灵或吡喹酮内服，以驱杀肠道牛带绦虫。人驱虫后排出的虫体和粪便应彻底焚烧，以达无害化。

2. 发病后措施

目前尚无治疗牛囊尾蚴病的有效方法。防治牛患囊尾蚴病，重在治疗人的牛带绦虫病。人无了绦虫病，牛就不会感染囊尾蚴，而发生牛患囊尾蚴病。

三、细颈囊尾蚴病

细颈囊尾蚴病是由泡状带绦虫的幼虫（细颈囊尾蚴）

寄生于猪、黄牛、山牛、绵牛等家畜及野生动物肝脏浆膜、网膜和肠系膜等处，所引起的寄生虫病。

【病原】 病原为水泡带绦虫的幼虫——细颈囊尾蚴，囊泡似鸡蛋大小，头节所在处呈乳白色。成虫在犬小肠中寄生。孕卵节片随粪便排出，牛吞食虫卵后，释放出六钩蚴，六钩蚴随血流到达肠系膜和网膜、肝脏等处，发育为细颈囊尾蚴。

泡状带绦虫寄生于终末宿主，犬、狐狸、家猫、狼、北极熊等的小肠内，孕节和虫卵不断随粪便排出体外，污染环境、饮水和饲料，被中间宿主猪、牛等吞食后，在胃肠道内逸出的六钩蚴即钻入肠壁血管，随血流到肝脏，并逐渐移行至肝表面，并进入腹腔发育。经过3个月左右的发育，囊体达到一定的体积并成熟。成熟的囊尾蚴多寄生在肝被膜、肠系膜和网膜上，也可见于腹腔的其他部位。此时的囊体直径可达5厘米或更大，囊内充满液体，当终末宿主，犬、狐狸、家猫、狼、北极熊等吞食了含有细颈囊尾蚴的内脏后，它们进入小肠内发育为成虫。

【临床症状】 细颈囊尾蚴对幼龄家畜的致病性很强，尤以仔猪、犊牛和羔牛为甚。成年动物除感染特别严重者外，一般无临床症状。而仔猪、犊牛和羔牛常有明显的症状，多表现为虚弱消瘦和黄疸。有急性腹膜炎时，体温升高，腹腔积水，肚腹膨大，按压腹壁有痛感，经过9～10天的急性发作期后，转为慢性。细颈囊尾蚴病生前诊断比较困难，只有剖检或用饱和盐水漂浮法作粪便中的虫卵检查才能确诊。

【防制】

1. 预防措施

养牛场最好不要养犬和猫，如养有犬和猫应定期以吡喹酮内服，以驱杀肠道泡状带绦虫。犬和猫驱虫后排出的虫体和粪便应彻底焚烧。养牛场以屠宰动物废弃物，如肝脏、肠系膜和网膜饲喂犬和猫时，应煮熟后喂给，不得生喂。

2. 发病后措施

目前只有吡喹酮对细颈囊尾蚴有治疗作用，杀灭效果可达100％。

处方：吡喹酮 75 毫克/千克体重，温水调灌服，1 次/天，连服 3 天。

四、食道口线虫病

反刍兽食道口线虫（结节虫）病是由线虫的幼虫及成虫寄生于结肠腔及肠壁而引起的寄生虫病，由于有些种的幼虫阶段可使肠壁发生结节，故有结节虫病之名。

【病原】病原主要有辐射食道口线虫、哥伦比亚食道口线虫、微管食道口线虫。牛以辐射食道口线虫的危害最大，虫卵随粪便排出体外，污染环境、饮水和饲料，虫卵在 25～27℃的条件下孵化出第一期幼虫，经 7～8 天蜕变两次变为第三期感染性幼虫。感染性幼虫被牛吞食后而感染，幼虫在肠内脱鞘，感染后 36 小时，大部分幼虫已钻入小结肠和大结肠固有膜深处，至 3～4 天，大多数幼虫已形成结节状包囊。6～8 天幼虫在结节内完成第三次蜕变，并自结节中钻出返回肠腔，在其中发育。到 27 天

第四期幼虫发育完成。感染后32天，97%的幼虫已发育到第五期。至41天发育为成虫，开始产卵。虫卵随粪便排出体外污染饮水、饲料和环境，猪吞食虫卵而感染。

【临床症状】 严重感染时，病牛表现为持续性腹泻，粪便常呈暗绿色，含有大量黏液、脓汁或血液。病牛弓腰，后肢僵直，有腹痛症状，逐渐消瘦，贫血，生长受阻，被毛粗乱无光，可因脱水衰弱致死。继发细菌感染时，可发生化脓性结节性大肠炎，甚至引起死亡。生前诊断比较困难，只有在剖检时在结肠肠壁发现乳白色结节才能作出诊断。

【防制】

1. 预防措施

牛舍应每天进行打扫、冲洗，并以2%氢氧化钠消毒，不到被食道口线虫虫卵污染的草地放牧以避免被感染。

2. 发病后措施

处方1：潮霉素B预混剂（按潮霉素B计），10～13克拌料1000千克，发病牛场全群混饲，连用8天。

处方2：①芬苯达唑预混剂（按芬苯达唑计）7.5毫克/千克体重，全群拌料混饲，1次/天，连用6天。②服药后每天清扫牛舍，将排出的虫体和粪便运到远离牛场的地方堆积发酵，或挖坑沤肥，以杀灭食道口线虫卵。

处方3：①盐酸左旋咪唑预混剂（按盐酸左旋咪唑计）7.5毫克/千克体重，拌料全群1次混饲，间隔2周再驱虫1次。②服药后1～3天，每天清扫牛舍，将排出的虫体和粪便运到远离牛场的地方堆积发酵，或挖坑沤肥，以杀灭食道口线虫卵。

五、血矛线虫病

血矛线虫病是由寄生于反刍动物皱胃和小肠的多种

线虫引起的消化道圆线虫病，其中以捻转血矛线虫的致病力最强。

【病原及生活史】 新鲜虫体淡红色，头端较细，口囊小，其内有一个角质背矛，有显著的颈乳突。雌虫因吸血变为红色的肠管，和白色的生殖器官交互缠绕，形成红白线条相间的外观，故称捻转血矛线虫，因寄生在胃，故又称捻转胃虫。捻转血矛线虫寄生于反刍动物的皱胃，偶见于小肠。虫卵随粪便排出，在适宜的条件下大约经1周发育为第3期感染性幼虫。感染性幼虫带有鞘膜，在干燥的环境中，可以休眠状态存活1年半以上。感染性幼虫被反刍动物摄食后，在瘤胃内脱鞘，脱鞘后进入皱胃，钻进胃黏膜，感染后18～21天发育成熟，成虫游离在胃内，交配产卵，其寿命不超过1年。

【临床症状】 捻转血矛线虫和指形长刺线虫感染性幼虫钻入胃黏膜时，机械作用破坏胃黏膜，引起炎症。由于虫体吸血致使病牛发生贫血和衰弱。

【防制】

1. 预防措施

在血矛线虫病流行地区，每年春季和秋季，应用丙硫咪唑或伊维菌素等，各进行一次预防性驱虫。粪便堆积生物热处理。保持牧场和饮水清洁，有计划地实行轮牧。加强饲养，合理补充精料，增强机体抵抗力。

2. 发病后措施

处方1：1%伊维菌素注射液0.3毫升/千克体重，皮下注射，夏、秋季节每个月1次。

处方2：盐酸左旋咪唑片7.5毫克/千克体重，拌料内服，

夏、秋季节每个月1次。

六、牛网尾线虫病

【病原及生活史】胎生网尾线虫，寄生于牛、骆驼和野生反刍兽的支气管和气管内，我国西南的黄牛和西藏的牦牛多有此病。此病是牦牛春季死亡的重要原因。

雌虫在气管、支气管内产卵，卵随黏液咳至口腔转入消化道，幼虫多在大肠内孵化，并随粪便排出体外。在适宜的温度（23～27℃）和湿度条件下，幼虫经两次蜕化后变为感染性幼虫，只需3天时间，温度低时需11天，如低于10℃或高于30℃不能发育到感染期，牛吃草、饮水时摄入感染性幼虫后，幼虫脱鞘钻入肠壁，在淋巴结进行3次蜕化，经胸管进入心脏、转入肺泡，到达支气管、气管，进行最后一次蜕化。从感染到雌虫产卵需21～25天，有时需要1～4个月。如牛营养好、抵抗力强时，虫体寄生时间短，反之寄生时间延长。

【临床症状】最初出现的症状为咳嗽，初为干咳后为湿咳。咳嗽次数逐渐频繁。有的发生气喘和阵发性咳嗽，咳出黄色黏液，经鼻孔流出。体温39.5～40℃，食欲减少或废绝，消瘦，贫血，精神不振，放牧时落群，呼吸困难，听诊有湿啰音，在8～9肋间有浊音，有严重的呼吸困难，咳嗽吃力，出现肺泡性和间质性肺气肿。最后卧地不起，口流白沫，多经3～7天窒息而死。

【病理变化】皮下水肿，胸腔积水，肺肿大，有大小不一的肝变，大小支气管均为虫体阻塞（雄虫长40～55毫米，雌虫长60～80毫米），多时可达300～500条。

【类症鉴别】

1. 牛网尾线虫病与支气管炎的鉴别诊断

［**相似点**］牛网尾线虫病与支气管炎初干咳后湿咳，逐渐频繁，肺部听诊呈啰音，咳出带黄色黏液，由鼻孔流出。食欲减退、精神不振。体温不高。

［**不同点**］支气管炎呼吸不显困难。慢性时，早晚出畜舍或气温骤降，运动、采食时咳嗽加剧。取鼻液、粪便检验无幼虫。牛网尾线虫病流淡黄色黏性鼻液，食欲减少或废绝。消瘦，贫血。呼吸困难以至窒息死亡。粪便、鼻液、唾液可检出第一期幼虫（长 0.31～0.36 毫米，头端钝，无扣状结节，尾部短而尖）。

2. 牛网尾线虫病与气管炎的鉴别诊断

［**相似点**］牛网尾线虫病与气管炎均有咳嗽，听诊有啰音，手捏气管即现咳嗽反应等症状。

［**不同点**］气管炎的食欲不减，不消瘦、贫血，鼻液、粪便中检验无幼虫。

3. 牛网尾线虫病与支气管肺炎的鉴别诊断

［**相似点**］牛网尾线虫病与支气管肺炎均有咳嗽，流鼻液，听诊有啰音，食欲减少等症状。

［**不同点**］支气管肺炎的体温较高（40～41℃），呈弛张热，肺音较粗厉。不消瘦、贫血，鼻液、粪便中检验无幼虫。

4. 牛网尾线虫病与牛流行热的鉴别诊断

［**相似点**］牛网尾线虫病与牛流行热均有喘气，流鼻液，听诊有啰音等症状。

［**不同点**］牛流行热有传染性，传播迅速，眼结膜充

血、肿胀，四肢关节疼痛，有跛行，体温高（40℃以上）。

5. 牛网尾线虫病与牛巴氏杆菌病的鉴别诊断

［**相似点**］牛网尾线虫病与牛巴氏杆菌病均有呼吸迫促、困难，咳嗽，流鼻液，听诊有啰音，食欲废绝等症状。

［**不同点**］牛巴氏杆菌病有传染性，体温高（41℃），流涎，流泪，咽喉部肿胀，黏膜发绀，血液检查可见到两端浓染的小杆菌。

6. 牛网尾线虫病与牛副流感的鉴别诊断

［**相似点**］牛网尾线虫病与牛副流感均有呼吸快，咳嗽，听诊有啰音等症状。

［**不同点**］牛副流感有传染性，体温升高（41℃），有脓性结膜炎，流泪多，有的有腹泻，有的腿软弱。鼻液、粪便检验无幼虫。

7. 牛网尾线虫病与牛传染性胸膜肺炎的鉴别诊断

［**相似点**］牛网尾线虫病与牛传染性胸膜肺炎均有呼吸困难，咳嗽，流鼻液，听诊有啰音，食欲减少或废绝等症状。

［**不同点**］牛传染性胸膜肺炎有传染性，体温高（40～42℃），呈稽留热，痛性短咳。叩诊肋部有疼痛。听诊有摩擦音。取肺组织、胸腔渗出液培养3～5天后，取菌落镜检可见到革兰氏阴性、极为细小的多形性菌体（呈球形、双球形、链球形、染色不均匀的线状、螺旋状、环状、半月状等），牛肺疫丝状支原体。

【防制】

1. 预防措施

不要在潮湿的沼泽地区放牧，放牧前和放牧后应驱虫1次，放牧季节可用小剂量酚噻嗪口服预防，加强饲养管理，注意饮水卫生，用生物热处理粪便（堆肥发酵）。用皂化抗原，可增强免疫力。用生理盐水浸制成的抗原，也同样有效果。

牛的人工免疫目前广泛应用的是X-射线40000伦琴（1伦琴$=2.58\times10^{-4}$库仑/千克）辐射剂量照射的幼虫疫苗，免疫2次，第1次1000条，第2次4000条。免疫后攻毒，既未见寄生虫性支气管炎升温症状，剖检也未发现虫体。

2. 发病后措施

处方1：乙胺嗪（海群生）每千克体重牛50毫克（每天1次，连用3天）内服，或配成30%溶液，牛每千克体重20毫克皮下注射或肌内注射。对感染后14～25天的虫体效果较好，适用于初期。

处方2：氰乙酰肼牛每千克体重17.5毫克内服，体重300千克以上的牛用量不超过5克，发病早期用药1次即可，严重感染时常需连续用药2～3次。本品安全范围小，宜慎重。

处方3：盐酸左旋咪唑，牛每千克体重8毫克内服，或牛4～5毫克皮下注射或肌内注射，早期应用，效果最好。

处方4：盐酸噻咪唑（四咪唑、驱虫净）每千克体重10～12毫克内服，或8～10毫克皮下注射。建议大群驱虫时间在当年11月至翌年元月以前和6月以后。用量如超过每千克体重20毫克即出现中毒反应。

七、犊牛新蛔虫病

犊牛新蛔虫病的病原体为无饰科的牛新蛔虫，牛新蛔虫寄生于初生犊牛的小肠内，引起肠炎，下泻、腹部

膨大和腹痛症状。多见于我国南方各省犊牛。

【病原体及生活史】 雌虫长 14～30 厘米，雄虫 11～26 厘米。雌虫在小肠产卵，卵随粪排出体外，在适宜的温度和湿度下 7～9 天发育为幼虫，再经 13～15 天在壳内蜕化 1 次，为第二期幼虫（即感染卵）。当牛吞食被感染卵污染的草料或饮水后，幼虫在小肠内逸出，穿过肠壁移行至肝脏、肺脏、肾脏等器官组织，进行第 2 次蜕化变为第三期幼虫，并停留在这些组织里。待母牛怀孕 8.5 个月左右，幼虫移至子宫进入胎盘牛膜液中，行第 3 次蜕皮，变为第四期幼虫，幼虫被犊牛吞入肠中发育。犊牛出生后幼虫第 4 次蜕皮后长大，经 25～31 天变为成虫，成虫可在小肠生活 2～5 个月，以后逐渐排出。感染卵也可通过乳汁使犊牛感染。主要发生于 5 月龄以内的犊牛，2 周至 4 月龄犊牛肠内有成虫。成年牛，只在内部器官组织有移行幼虫，尚未见有成虫寄生。

【临床症状】 被毛粗乱，体温正常，眼结膜苍白。食欲不振，腹部膨胀，排灰白色稀粪，有时混有血，有特殊腥臭气味。消瘦，臀部肌肉松弛，后肢无力，站立不稳。如虫体过多形成肠梗阻，有疝痛。如犊牛出生后感染，幼虫移行至肺部、支气管时，引起咳嗽。如幼虫在肺部成长，还因肺炎而呼吸困难，口腔有特殊臭气味。

一般 16～30 日龄及 6 月龄以上的犊牛粪检难见虫卵，1～5 月龄犊牛粪检有虫卵。

【类症鉴别】

1. 犊牛新蛔虫病和犊牛消化不良的鉴别诊断

［**相似点**］犊牛新蛔虫病和犊牛消化不良均有体温不

高，拉稀，食欲不振等症状。

[**不同点**] 犊牛消化不良多发生于1～7日龄犊牛，粪中有奶瓣。年龄稍大（15日龄以上），眼结膜充血，不排灰白色粪。

2. 犊牛新蛔虫病和犊牛肠炎的鉴别诊断

[**相似点**] 犊牛新蛔虫病和犊牛肠炎均食欲不振，拉稀，混有血，有腥臭味。

[**不同点**] 犊牛肠炎体温高（40℃），眼结膜充血，粪不呈灰白色，检无虫卵。

3. 犊牛新蛔虫病和犊牛大肠杆菌病（肠型）的鉴别诊断

[**相似点**] 犊牛新蛔虫病和犊牛大肠杆菌病（肠型）均有食欲减退，下痢后体温正常，拉稀，排灰白水样粪，有腹痛，有肺炎等症状。

[**不同点**] 犊牛大肠杆菌病（肠型）体温高（40℃），多发生在10日龄以内，日龄稍大少见，粪中常含有凝乳块、凝血块。

【防制】

1. 预防措施

注意畜舍清洁卫生，畜粪作堆肥发酵灭卵，犊牛15～30日龄时进行驱虫。

2. 发病后措施

处方：左咪唑0.5克，一次内服，1个月后再驱虫1次。磺胺脒每千克体重0.1～0.2克，加硅炭银3～7克，一次内服（预防肠黏膜因损伤而感染），12小时1次。

八、犊牛莫尼茨绦虫病

莫尼茨绦虫病，是由裸头科莫尼茨属的扩展莫尼茨

绦虫和贝氏莫尼茨绦虫，寄生于黄牛、水牛的小肠而引起的，对犊牛为害严重。

【病原体及生活史】扩展莫尼茨绦虫和贝氏莫尼茨绦虫外观不易区别，都是大型绦虫。扩展莫尼茨绦虫长1～5米，最宽处16毫米，贝氏莫尼茨绦虫体长可达6米，最宽处26毫米。成虫在肠道脱卸的孕节或排出的虫卵随粪排出后，被地螨吞食，六钩蚴在消化道内孵出穿过肠壁入血腔，发育为囊尾蚴，成熟的囊尾蚴始有感染性。地螨被犊牛吞食后，地螨即被消化而释出似囊尾蚴，吸附于肠壁上，经46～62天发育为成虫，并排出孕节。成虫在牛体内生活期限多为2～6个月，一般为3个月。1.5～7个月的羔牛和犊牛多感染，往后随年龄增长而获得免疫性。

我国西北、内蒙古、东北广大牧区都发生本病，西南、华中局部地区流行。地螨是莫尼茨绦虫的中间宿主，白天躲在草皮下或腐殖土下，黄昏或黎明爬出。牛在吃草时吞入。福建4～6月是多雨季节，湿度最高，地螨繁殖最高。7月干旱，地螨剧少，9～10月有秋雨，数量又上升。犊牛易感。

【临床症状】体温不升高，食欲逐渐减损。消瘦，贫血。眼结膜苍白，毛粗乱，精神不振。常拉稀，粪间常可见有白色长方形孕节片，有时一泡粪中有几个或十几个孕节片，肉眼可见其蠕动。虫体较多时会互相缠绕而使肠道阻塞，不排粪而有疝痛。病的后期，体力更差，常卧地不起，磨牙，口角留有泡沫，感觉迟钝。

【病理变化】在胸腔、腹腔、心囊有不甚透明或浑浊的液体。肌肉色淡，肠黏膜、心内膜、心包膜有明显出血点，小肠中莫尼茨绦虫寄生处有卡他性炎。曾见一水牛犊小肠内有200多条绦虫。有时可见肠扩张臌气、肠套叠等现象。

【类症鉴别】

1. 犊牛莫尼茨绦虫病与犊牛新蛔虫病的鉴别诊断

［**相似点**］犊牛莫尼茨绦虫病与犊牛新蛔虫病均体温不高，食欲不振，眼结膜苍白，拉稀，虫体多时便秘，有疝痛。

［**不同点**］犊牛新蛔虫病粪灰白色，无孕节片。

2. 犊牛莫尼茨绦虫病与犊牛肠炎的鉴别诊断

［**相似点**］犊牛莫尼茨绦虫病与犊牛肠炎均有拉稀的症状。

［**不同点**］犊牛肠炎体温较高（40℃），眼结膜充血，粪中有黏液、血液，腥臭，不见孕节片和虫卵。

3. 犊牛莫尼茨绦虫病与牛球虫病的鉴别诊断

［**相似点**］犊牛莫尼茨绦虫病与牛球虫病均多发生于1月龄以上的犊牛，毛粗乱，体温正常，消瘦，贫血。

［**不同点**］牛球虫病易感染犊牛（由1月龄至2岁），稀粪常带血液及纤维素薄膜，有恶臭。急性病在一周后体温可升至40～41℃，直肠黏膜刮取物可检出卵囊。

【防制】

1. 预防措施

在草地放牧33～35天之间应驱虫1次，经15天后再驱虫1次。对有污染的草地，为防止地螨为害，应深耕和种植三叶草。对病犊应迅速驱虫及对症治疗。

2. 发病后措施

处方 1：喹吡酮，每千克体重 2.5～10 毫克，一次服。磺胺脒 5～10 克，硅炭银 5～10 克，口服，12 小时 1 次。

处方 2：氯硝柳胺（灭绦灵），每千克体重 2～3 毫克（一般 3～6 月犊牛，一次可用 120～150 毫克），一次服；或硫酸铜，每千克体重 2～3 毫克配成 1%溶液（一般 3～6 月龄犊牛，一次可用 120～150 毫克），口服。磺胺脒 5～10 克，硅炭银 5～10 克，口服，12 小时 1 次。

九、牛吸吮线虫病

牛吸吮线虫（又称牛眼虫）病是牛吸吮线虫引起的，牛吸吮线虫寄生于牛眼结膜囊内和第三眼睑（瞬膜）下，在游动时直接刺激结膜和角膜而使之发炎。

【病原体及发育史】本虫系胎生。雌虫产幼虫于结膜囊中，当蝇在牛眼吸食眼泪时，被蝇食入进入蝇的卵滤泡内进行发育。幼虫经 30 天左右两次蜕化，发育成感染性幼虫，并离开卵滤泡而进入腹腔，再进入蝇的口器，当蝇再在牛眼部采食时，幼虫即进入眼结膜囊内，经 15～20 天发育为成虫。

【临床症状】虫体在结膜囊内游动，结膜、角膜因受刺激而潮红、充血、流泪，当角膜炎严重时发生浑浊或溃疡、羞明。翻开眼睑即可看到有虫体附在角膜、巩膜上游动。

【类症鉴别】

1. 牛吸吮线虫病与结膜炎的鉴别诊断

［**相似点**］牛吸吮线虫病与结膜炎均有结膜潮红、肿胀，羞明、流泪等症状。

［**不同点**］结膜炎的角膜不发炎，翻开眼睑不发现虫体。

2. 牛吸吮线虫病与角膜炎的鉴别诊断

［**相似点**］牛吸吮线虫病与角膜炎均有羞明、流泪，角膜浑浊等症状。

［**不同点**］角膜炎角膜四周有红晕，角膜、巩膜不见虫体。

3. 牛吸吮线虫病与虹膜炎的鉴别诊断

［**相似点**］牛吸吮线虫病与虹膜炎均有羞明、流泪等症状。

［**不同点**］虹膜炎的瞳孔缩小，虹膜纹理不清，不发现虫体。

【防制】

1. 预防措施

拴牛的场地和畜舍搞好清洁卫生，做好灭蚊、灭蝇工作。防止吸吮线虫的幼虫被蝇传入结膜囊。本病发生后应先除虫，而后再治角膜炎。

2. 发病后措施

处方 1：1%敌百虫滴入结膜囊，杀死吸吮线虫。用洗耳球吸取 3%硼酸水或 0.1%雷佛奴耳水冲洗结膜，将虫体冲洗出。或小心用镊子捡出虫体。用黄降汞眼药膏，每天 3～4 次。

处方 2：1%敌百虫滴入结膜囊，杀死吸吮线虫。稀碘液（碘片 1 克、碘化钾 1.5 克、蒸馏水 1500 毫升），冲洗结膜。每天 2 次。或 0.2%海群生溶液冲洗 2～3 次。

十、牛肝片吸虫病

肝片吸虫病（肝蛭病）是片形科片形属的肝片吸虫

寄生于黄牛、水牛、绵牛、山牛、骆驼的肝脏胆管中引起的疾病。马属动物及一些野生动物亦可被寄生，但少见。

【病原及生活史】肝片吸虫的成虫寄生于肝胆管和胆囊内，所排卵随胆汁流入肠道后排出体外。在15～30℃经10天生成毛蚴，在水中钻入锥实螺（中间宿主）体内变为胞蚴，再繁殖若干雷蚴，然后繁殖为尾蚴，尾蚴离开螺体后形成泡囊而为囊蚴，牛吃进包囊溶解后的童虫即经门脉而达肝再入胆管，从吃入囊蚴至发育为成虫约需2～4个月，成虫可在胆管中生存3～5年之久。

【临床症状】吃草、反刍减少，瘤胃蠕动减弱，反复发生臌胀，经常拉稀。体温不高，心跳、呼吸无变化，眼结膜苍白，略带黄染。病久，颌下、垂皮、胸下发生水肿（无热、无痛），消瘦，毛粗乱，行动迟缓，耕作无力，衰竭死亡。

【病理变化】肝肿大，包膜上有纤维素沉着、出血，有数毫米长的暗红色虫道，虫道内有凝血和很小的童虫。急性时肝有炎症和内出血。腹腔中有带血的液体。慢性初肝肿大后萎缩、硬化，小叶间结缔组织增生，寄生多时胆管因炎症扩张而增厚、变粗甚至阻塞。胆管呈绳索样凸出肝的表面。胆管内膜粗糙（有磷酸钙和磷酸镁沉着）。胆管内有虫体和污浊浓稠的液体（也有的无虫体）。

【检虫卵法（漂浮法）】取粪10克，加硝酸铅溶液（将650g克硝酸铅溶于1升热水中）100毫升混合，通过60目筛滤入烧杯中，静置半小时，则虫卵上浮，用一直径5～10毫米的铁丝圈与液面平行接触以蘸取表面液膜，抖落于载玻片上镜检。

【类症鉴别】

1. 牛肝片吸虫病与前胃弛缓的鉴别诊断

［**相似点**］牛肝片吸虫病与前胃弛缓均有吃草反刍减少，瘤胃蠕动弱，结膜苍白，机体乏力等症状。

［**不同点**］前胃弛缓很少持续拉稀，不会明显贫血，更无颌下、垂皮、胸下水肿，粪检无虫卵。

2. 牛肝片吸虫病与牛肠卡他的鉴别诊断

［**相似点**］牛肝片吸虫病与牛肠卡他均有吃草反刍减少，瘤胃蠕动弱，经常拉稀，机体无力等症状。

［**不同点**］牛肠卡他有时眼结膜呈树枝状充血，颌下、垂皮、胸下不出现水肿，粪中无卵。

【防制】

1. 预防措施

不用沟塘水草喂畜，不在沼泽地放牧，应杀灭沟塘锥实螺，以避免牲畜感染本病。

2. 发病后措施

对病畜除驱虫外，贫血、水肿也应适当治疗，以期加速康复。

处方 1：硫双二氯酚（别丁），每千克体重 40～60 毫克装于大胶囊内两次内服，1～4 天即可自行恢复。对水肿，用 5%氯化钙 100 毫升、10%安钠咖 30 毫升、10%葡萄糖 500 毫升静脉注射，连用 2～3 天。为促进恢复，用硫酸亚铁（每片 0.3 克）20 片一次服用，每天 2 次，连服 10～15 天。除供造血需要外，还可减缓肠蠕动而减轻拉稀。

处方 2：硝氯酚（国产拜耳 9015 或比勒冯）每千克体重 5～8 毫克，一次口服。对水肿和促进恢复见处方 1。

处方 3：硫溴酚（抗虫-349）每千克体重黄牛 30～50 毫克、水牛 30 毫克，一次口服（该药毒性低、疗效高，对减食、拉稀反应轻微）。对水肿和促进恢复见处方 1。

处方 4：中药治疗。贯众 12 克、槟榔 30 克、龙胆 15 克、泽泻 15 克，水煎服。

十一、牛血吸虫病

血吸虫是寄生在血管内的吸虫，牛血吸虫病（分体吸虫病）是一种人畜共患病。家畜除牛外，猪、马均可被寄生。

【病原及生活史】成虫寄生于终末宿主静脉和肠系膜小静脉内。雌雄合抱交配产卵（每天 1000 个），卵一部分随血至肝，一部分逆血流至肠黏膜形成结节，卵内毛蚴分泌毒素致肠壁破涝，卵随粪排出，入水后毛蚴逸出，在钉螺（中间宿主）发育成母胞蚴，每个可育成 30～40 个子胞蚴。一个毛蚴无性繁殖可产尾蚴数万个，可通过饮水和皮肤进入人体或畜体，成年寿命 3～4 年。

【临床症状】急性体温 40℃ 以上，食欲不正常，精神不振，行动迟缓，感染 20 天后腹泻，里急后重，粪中有黏液和血液，甚至有黏液块。日渐消瘦，眼结膜苍白，犊牛感染症状更明显，常引起死亡，不死亡的发育受阻，成为侏儒牛。如病程经 2～3 个月后转为慢性，症状不明显，因反复发作瘦弱不堪，精神和使役能力均差，母畜会流产。粪中有虫卵。

【病理变化】肝病变明显，表面和切面有粟粒大到高粱大的灰白色或灰黄色的小点（虫卵结节）。肝初肿大，以后萎缩硬化，严重感染时，肠道各段可找到虫卵的沉积，尤其直肠病变更严重，常见为小溃疡、瘢痕及肠黏膜肥厚，肠系膜和大网膜也可见虫卵结节。将肠系膜对光照视可找到静脉中的成虫（雄虫乳白色，雌虫暗褐色，常呈合抱状态）。心、肾、胰、脾、胃有时可见虫卵结节。

【粪检法（锦纶筛兜集卵法）】 取粪5～10克，加水搅匀通过40～60目铜丝筛，再通过260目锦纶筛兜过滤，再加水冲洗，直至液体清澈透明，取兜内粪渣抹片镜检。

【类症鉴别】

1. 牛血吸虫病与肝片吸虫病（肝蛭病）的鉴别诊断

［**相似点**］牛血吸虫病与肝片吸虫病均有吃草、反刍减少，瘤胃蠕动减弱，消瘦，拉稀，黏膜苍白等症状。

［**不同点**］肝片吸虫病（肝蛭病）的后期颌下、垂皮、胸下水肿，粪中虫卵比血吸虫卵大。

2. 牛血吸虫病与牛沙门氏菌病的鉴别诊断

［**相似点**］牛血吸虫病与牛沙门氏菌病均有体温高（40～41℃），下痢，粪中有黏液、血液等症状。

［**不同点**］牛沙门氏菌病呼吸困难，食欲废绝，发病12～24小时即下痢恶臭，眼结膜充血、黄染，腹痛剧烈，可在24小时或延至3～5天死亡。粪中无虫卵。

3. 牛血吸虫病与夹竹桃中毒的鉴别诊断

［**相似点**］牛血吸虫病与夹竹桃中毒均有吃草、反刍减少或废绝，拉稀，粪中有黏液、血液等症状。

［**不同点**］夹竹桃中毒因吃夹竹桃而发病，体温正常，有腹痛，粪腥臭，心跳缓慢（每分钟40次），粪中无虫卵。

【防制】

1. 预防措施

本病对人畜危害甚大，必须与人医配合，在领导下采取粪便和水的管理，消灭钉螺，做到安全放牧，没有治疗好的病牛不调动出去，不到疫区买畜，才能达到消灭本病的目的。

2. 发病后措施

在治疗时应着重驱虫和采用对症疗法。

处方 1：锑 273 总剂量按每千克体重 7.5 毫克，分 3 天 3 次肌内注射。新血防片总剂量按每千克体重 750 毫克，分 5 次口服，开始 2 天单独口服新血防片，后 3 天两药并用，疗程共 5 天（黄牛）。发现便秘时（血防 846），可用硫酸钠或硫酸镁 500 克，加水 2000～3000 毫升导服；如发现腹泻时（血防 846），用活性炭 100～200 克或木炭末 150～300 克一次服用；如食欲减退，给予人工盐 100 克、食母生 200 片、大黄末 30 克；如发现皮疹时，用盐酸苯海拉明 0.1～0.5 克肌内注射；如在用药后食欲废绝，用 25%葡萄糖 500 毫升静脉注射。

处方 2：锑 273 总剂量按每千克体重 12 毫克，分 3 天 3 次肌内注射，新血防片总剂量按每千克体重 720 毫克，分 6 天 6 次口服，前 3 天两药并用，后 3 天单独口服新血防片，疗程 6 天（水牛）。其他见处方 1。

十二、牛阔盘吸虫病

牛阔盘吸虫病（胰吸虫病）是歧腔科阔盘属的胰阔盘吸虫、腔阔盘吸虫和枝睾阔盘吸虫，寄生于牛胰管中引起的，表现营养障碍和贫血。

【病原及生活史】胰阔盘吸虫在发育过程中第一中间

宿主为阔纹蜗牛和灰蜗牛，而第二中间宿主为红脊草螽和针蟋。

成虫在牛的胰管内产卵，卵随胰液入肠，再随粪便排出体外，被蜗牛吞食后，才孵出毛蚴，在消化腺内经1月多发育成母胞，经3个月后子胞蚴发育成熟，成熟子胞蚴体内含尾蚴，这时母胞蚴的囊壁消失，子胞蚴由消化腺移行至气室并附着于外套膜上。蜗牛在草地爬时排出子胞蚴，附着在青草上被第二宿主红脊草螽所吞食，尾蚴在其体内经20～30天发育成为成熟的囊蚴，牛吃草时吞食这种红脊草螽而感染。童虫在胰管中经3.5～4个月发育为成虫。

【临床症状】 消瘦，毛干易脱，贫血，颌下、颈部和胸部出现水肿，下痢，粪便带有黏液。少数出现腹痛现象。逐渐严重恶化，最后因恶液质而死亡。

【病理变化】 胰脏表面不平，色调不匀，有小出血点，胰管发炎，管壁肥厚，管腔缩小，管腔黏膜不平，有许多小结节，有点状出血，内有大量血体。有的胰脏萎缩或硬化。

【类症鉴别】

1. 牛阔盘吸虫病与肝片吸虫病的鉴别诊断

［**相似点**］牛阔盘吸虫病与肝片吸虫病均有消瘦，贫血，下痢，水肿，粪检有虫卵等症状。

［**不同点**］肝片吸虫病多在低洼和沼泽区吃水草而感染（夏秋天热时流行），中间宿主是淡水螺，虫卵较大。

2. 牛阔盘吸虫病与前后盘吸虫病的鉴别诊断

［**相似点**］牛阔盘吸虫病与前后盘吸虫病均有拉稀，

消瘦，贫血，黏膜苍白，水肿，粪有虫卵等症状。

［**不同点**］前后盘吸虫病的粪粥样腥臭，如服驱虫药可见粪中有童虫，虫卵淡灰色，导出的瘤胃液中可见到粉红色梨形的虫体。

3. 牛阔盘吸虫病与副结核病的鉴别诊断

［**相似点**］牛阔盘吸虫病与副结核病均有拉稀、消瘦、水肿等表现。

［**不同点**］副结核病拉的稀粪中含有气泡，有恶臭，粪中无虫卵，用副结核菌素或禽型结核菌素作变态反应呈阳性。

4. 牛阔盘吸虫病与牛球虫病的鉴别诊断

［**相似点**］牛阔盘吸虫病与牛球虫病均有下痢，消瘦，贫血等症状。

［**不同点**］牛球虫病急性病初体温虽不高，1周后即升至40～41℃，粪便黑色、有血液。慢性病3～5天后逐渐好转，但下痢、贫血仍继续存在。直肠黏膜刮取物中可检出虫卵。

5. 牛阔盘吸虫病与牛肠卡他的鉴别诊断

［**相似点**］牛阔盘吸虫病与牛肠卡他均有食欲减退，拉稀，消瘦等症状。

［**不同点**］牛肠卡他贫血不严重，不出现水肿，粪时干时稀，粪中无虫卵。

6. 牛阔盘吸虫病与双腔吸虫病的鉴别诊断

［**相似点**］牛阔盘吸虫病与双腔吸虫病均有下痢，消瘦，水肿，粪中有虫卵等症状。

［**不同点**］双腔吸虫病的肝肿大，黏膜黄疸，剖检时

将肝在水中撕碎可检出虫体。

【防制】

1. 预防措施

在放牧的草场检查有无蜗牛和草螽，如有应在放牧前撒药消灭，或不放牧，发现病畜及早驱虫。

2. 发病后措施

处方：国产 846，牛每千克体重 0.3 克口服，隔天 1 次，3 次为 1 个疗程，有良好效果。

十三、双腔吸虫病

双腔吸虫病是双腔科双腔属的茅形双腔吸虫所引起的疾病。

【病原及生活史】虫体棕红色，固定后灰白色，体长 5～15 毫米，宽 1.5～2.5 毫米。发育过程中需两个中间宿主，第一中间宿主为条纹蜗牛、陆地螺，第二中间宿主为蚂蚁。终末宿主排出的虫卵被第一宿主吞食，毛蚴从卵囊内孵出，经母胞蚴、子胞蚴而成尾蚴，排出数十或数百个粘在一起的黏性球，黏球被蚂蚁吞食后在体内形成囊蚴，被反刍动物吞食，囊蚴在肠道脱囊而出，经十二指肠到胆管内寄生。

【临床症状】肝肿大，黏膜黄染，逐渐消瘦，颌下水肿，下痢，并引起死亡。

【类症鉴别】

1. 双腔吸虫病与肝片吸虫病的鉴别诊断

[**相似点**] 双腔吸虫病与肝片吸虫病均有消瘦，下痢，贫血，水肿，粪有虫卵等症状。

［**不同点**］肝片吸虫病多在低洼沼泽地放牧而发病，中间宿主是水螺；虫卵深黄色，较大［(150～190)微米×(25～90)微米］。

2. 双腔吸虫病与前后盘吸虫病的鉴别诊断

［**相似点**］双腔吸虫病与前后盘吸虫病均有下痢，消瘦，贫血，粪中有虫卵等症状。

［**不同点**］前后盘吸虫病粪粥样腥臭，服驱虫药粪中能排出童虫，虫卵淡灰色。导出瘤胃液体可见粉红色梨形虫体。

3. 双腔吸虫病与阔盘吸虫病的鉴别诊断

［**相似点**］双腔吸虫病与阔盘吸虫病均有拉稀，消瘦，贫血，水肿，粪中有虫卵等症状。

［**不同点**］阔盘吸虫病虫体大（体长 8～15 毫米），扁平长卵形，不透明，口吸盘大于腹吸盘（双腔吸虫的腹吸盘大于口吸盘），第二中间宿主为草螽，黏膜苍白不黄染。

4. 双腔吸虫病与副结核病的鉴别诊断

［**相似点**］双腔吸虫病与副结核病均有拉稀，贫血，消瘦，水肿等症状。

［**不同点**］副结核病粪中有气泡，恶臭，黏膜不黄染，粪中无虫卵，用副结核菌或禽型结核菌素作变态反应为阳性。

5. 双腔吸虫病与牛球虫病的鉴别诊断

［**相似点**］双腔吸虫病与牛球虫病均有下痢，消瘦，贫血等症状。

［**不同点**］牛球虫病病初体温虽不高，1 周后即升至

40～41℃，粪中有血液，呈黑色。慢性仍下痢和贫血，直肠黏膜刮取物可检出卵囊。

6. 双腔吸虫病与牛肠卡他的鉴别诊断

［**相似点**］双腔吸虫病与牛肠卡他均有拉稀，消瘦，食欲减退等症状。

［**不同点**］牛肠卡他排粪时干时稀，眼结膜树枝状充血，不出现水肿，粪中无虫卵。

【防制】

1. 预防措施

不到有条纹蜗牛、蚶小丽螺、蚂蚁多的牧地放牧。或在放牧前（最好在牧草未发芽前）先灭蜗灭蚁，消灭中间宿主后再放牧。在放牧期或放牧后定期检查粪便，如发现虫卵立即驱虫。

2. 发病后措施

处方：血防-846（六氯对二甲苯），牛每千克体重 200 毫克加水服用。根据症状，采用对症疗法。

十四、弓形虫病

弓形虫病是由刚第弓形虫引起的一种人畜共患病。宿主种类十分广泛，人和动物的感染率都很高。牛、犬等也能被感染而发病。

【病原】 弓形虫的发育过程需要中间宿主（哺乳类、鸟类等）和终末宿主（猫科动物）两个宿主。猫吞食了弓形虫包囊或卵囊，子孢子、速殖子和慢殖子侵入小肠黏膜上皮细胞，进行球虫型发育和繁殖，最后产生卵囊，卵囊随猫粪便排出体外污染饮水、饲料和环境，在适宜

条件下，经2～4天，发育为感染性卵囊。感染性卵囊通过消化道侵入中间宿主释放出子孢子，子孢子通过血液循环侵入有核细胞，在胞浆中以内出芽的方式进行繁殖。

【临床症状】弓形虫病的急性症状表现为食欲减退或废绝，体温升高，呼吸急促，眼内出现浆液或脓性分泌物，流清鼻涕。精神沉郁，嗜睡，数日后出现神经症状，后肢麻痹，病程2～8天，常发生死亡。慢性病例则病程较长，表现出厌食，逐渐消瘦，贫血。病畜可出现后肢麻痹，并导致死亡，但多数病畜可耐过。

【类症鉴别】

1. 弓形虫病与犊肺炎的鉴别诊断

［**相似点**］弓形虫病与犊肺炎均有体温高（40～41℃），呼吸增数，咳嗽（病久），流鼻液等症状。

［**不同点**］犊肺炎无传染性，多发生于1～15日龄，胸部听诊有啰音，头不震颤。弓形虫病偶有腹泻带血。用病畜血液或胸腹腔液接种于小白鼠腹腔，可在腹腔中找出虫体。

2. 弓形虫病与支气管炎的鉴别诊断

［**相似点**］弓形虫病与支气管炎均有体温升高，咳嗽，流鼻液等症状。

［**不同点**］支气管炎无传染性，急性初干咳后湿咳，慢性吸入冷空气时咳嗽加剧，头不震颤。

【防制】

1. 预防措施

养牛场禁止养猫，并严防外来猫进入牛场，更不得使其接触饲料和饮水。大多数消毒剂对弓形虫卵囊无效，养殖场发生弓形虫病时，对可能被污染的区域可用火焰喷灯进行消毒。

2. 发病后措施

处方 1：磺胺二甲氧嘧啶钠预混剂（按磺胺二甲氧嘧啶钠计）0.1 克/千克体重、碳酸氢钠粉 30～100 克/次，拌料混饲，1 次/天，连用3～5 天。

处方 2：①20%磺胺间甲氧嘧啶钠注射液首次量 0.5 毫升/千克体重，维持量 0.25 毫升/千克体重，肌内注射，2 次/天。②碳酸氢钠粉 30～100 克/次，拌料混饲，2 次/天，连用 3～5 天。

处方 3：葡萄糖生理盐水注射液 1500～2500 毫升、20%磺胺间甲氧嘧啶钠注射液首次量 100 毫克（维持量 50 毫克）/(千克体重·次)、5%碳酸氢钠注射液 200～300 毫升，静脉注射，2 次/天，连用 3～5 天。

十五、牛巴贝斯虫病

巴贝斯虫病是由双芽巴贝斯虫和巴贝斯虫寄生于牛的红细胞内而引起的一种寄生虫病。临床上以高热、血红蛋白尿和贫血等为特征。

【病原】双芽巴贝斯虫的虫体较大，其长度大于红细胞半径，呈梨子形、圆形、椭圆形及不规则形等，成对存在，多位于红细胞中央。姬姆萨染色虫体胞浆呈淡蓝色，染色质呈紫红色。巴贝斯虫的虫体较小，其长度小于红细胞半径，呈梨子形、圆形、椭圆形及不规则形等。大部分虫体位于红细胞边缘，少数位于中央。

【流行病学】多发生在 7～9 月，呈地方性流行，微小牛蜱为本病的主要传播媒介。当带有病原体的蜱吸食

牛血时，病原体随蜱的唾液进入牛体内而引起本病的发生。以1～2岁的牛发病最多，但症状轻，很少死亡，成年牛虽发病率低，但症状重，死亡率也高。纯种牛和从外地引进牛易感性高，且死亡率高。

【临床症状】 潜伏期8～15天，病初体温升高至40～42℃，呼吸心跳加快，精神沉郁，食欲减退或消失，反刍嗳气缓慢或停止，便秘或腹泻，一些病牛常排出黑褐色、恶臭并带有黏液的粪便。怀孕母牛可发生流产，奶牛泌乳减少或停止。病牛迅速消瘦、贫血，可视黏膜苍白和黄染。尿液呈淡红色至黑红色。

【实验室检查】 红细胞显著减少，可降至1×10^{12}～3×10^{12}个/升。初期发热反应中，红细胞中可发现虫体。

【类症鉴别】

1. 巴贝斯虫病与肝炎的鉴别诊断

［**相似点**］巴贝斯虫病与肝炎均体温高（39～40℃或以上），眼结膜黄疸，反刍减少或废绝，有前胃迟缓症状，粪便干稀不正常。

［**不同点**］肝炎无传染性，眼结膜充血、黄染（不苍白），肝区叩诊疼痛，肝肿大时牛在右侧最后肋骨向里可摸到。血液不稀，无血红蛋白尿。

2. 巴贝斯虫病与牛环形泰勒焦虫病的鉴别诊断

［**相似点**］巴贝斯虫病与牛环形泰勒焦虫病均有传染性，体温高（39～41.8℃），呈稽留热，精神不振，减食，黏膜黄染，血稀，体表有蜱。

［**不同点**］牛环形泰勒焦虫病的肩前、鼠蹊淋巴结肿大，有痛感，卧时头弯腹侧。先便秘后腹泻或腹泻、便

秘交替发生，粪带有黏液和血液，尿色深黄，无血尿。鼻流清白黏液，角膜灰色，流泪，眼睑下有粟粒大出血点。后期在眼睑、尾根薄处出现粟粒大至扁豆大深红色结节状的溢血斑点。

3. 巴贝斯虫病与无浆体病的鉴别诊断

［**相似点**］巴贝斯虫病与无浆体病均有传染性，由蜱传播，体温高（40～41℃），食欲、反刍减退，精神沉郁，结膜苍白、黄染，贫血。

［**不同点**］无浆体病消瘦快（病10～12天体重减7%），肌肉震颤，流产发情抑制。血检无浆体在红细胞边缘。

4. 巴贝斯虫病与钩端螺旋体病的鉴别诊断

［**相似点**］巴贝斯虫病与钩端螺旋体病均有传染性，体温高（41～41.5℃），黏膜黄疸，血红蛋白尿。

［**不同点**］钩端螺旋体病常见皮肤干裂、坏死和溃疡。亚急性乳色变黄，常有血凝块，孕牛常流产，早期用血、中后期用尿可检出菌体，本病可发生于各种家畜。

5. 巴贝斯虫病与牛因子宫炎继发的败血症的鉴别诊断

［**相似点**］巴贝斯虫病与牛因子宫炎继发的败血症均体温升高（40～41℃），有前胃弛缓症状，血稀，眼结膜苍白、黄染，食欲、刍减少或废绝。

［**不同点**］牛因子宫炎继发的败血症血稀而色暗红，阴户排分泌物，尿中无血红色，直肠检查子宫敏感，按压时阴户流出分泌物增加，无传染性。多在产后发病。

6. 巴贝斯虫病与前胃弛缓的鉴别诊断

［**相似点**］巴贝斯虫病与前胃弛缓均有瘤胃蠕动弱，

吃草、反刍减少或废绝等症状。

［**不同点**］前胃弛缓无传染性，结膜不黄染，血不稀，无血红蛋白尿，红细胞内无虫体。

【防制】

1. 预防措施

进入温暖季节后，要以25%二嗪农杀虫乳液2.4毫升，加水1000毫升，对牛舍和牛体进行喷洒以杀灭蜱，每个月1次。

2. 发病后措施

处方1：①二丙酸双脒苯脲注射液2毫克/千克体重，肌内注射。②0.1%维生素B_{12}注射液2毫升，肌内注射，1次/天，连用3～5天。③右旋糖酐铁注射液10毫克/千克体重，深部肌内注射。

处方2：①三氮脒5～7毫克/千克体重，以注射用水配成7%溶液，深部肌内注射，1次/天，连用2～3次。②0.1%维生素B_{12}注射液2毫升，肌内注射，1次/天，连用3～5天。③右旋糖酐铁注射液10毫克/千克体重，深部肌内注射。

十六、泰勒虫病

泰勒虫病是由泰勒焦虫寄生于牛的红细胞和网状内皮系统的细胞内而引起的一种寄生虫病。临床上以高热、淋巴结肿大和贫血等为特征。

【病原】环形泰勒焦虫虫体较小，形态多样。寄生于红细胞内的虫体长度小于红细胞半径，虫体呈环形、椭圆形、逗点形、卵圆形、杆形、圆点形、十字形等，各种形状的虫体可同时出现在一个红细胞内。寄生在网状内皮系统细胞（主要是单核细胞和淋巴细胞）中的虫体常常是一种多核体，形状像石榴的横切面，称为石榴体。

【流行病学】传播媒介是残缘璃眼蜱，多发生在6～9月，且只发生在圈舍饲养的牛。各种年龄的牛均易感，但以1～3岁的牛发病最多。在流行地区，本地品种的牛大多为带虫者，对病原体有抵抗力，常不发病，或发病后症状轻微。而引进品种易感性高，病情严重，且死亡率高。

【临床症状】潜伏期14～20天，常取急性经过，大部分病牛经3～20天死亡。体温升高至40～42℃，呈稽留热型，少数病牛可呈弛张热或间歇热。精神沉郁，呼吸心跳加快，食欲减退或消失，反刍嗳气缓慢，行走无力，多卧少立，眼结膜充血肿胀，流出多量浆液性眼泪，很好变为贫血和黄染，布满绿豆大溢血斑。尾根、肛门周围及阴囊等薄的皮肤上出现粟粒乃至扁豆大的深红色结节。颌下、胸前、腹下及四肢发生水肿。全身皮下、肌间、黏膜和浆膜上均可见大量的出血点和出血斑。全身淋巴结肿大，切面多汁，实质有暗红色和灰白色大小不一的结节。根据临床症状一般可作出初步诊断，作淋巴结穿刺检查石榴体可作出确切诊断。

【实验室检查】红细胞下降至1×10^{12}～3×10^{12}个/升（正常为5×10^{12}～6×10^{12}个/升），血红蛋白降至20%～40%（正常为50%～70%）。红细胞大小不均，出现异型红细胞。血液涂片，经姬姆萨或瑞氏染色后镜检，在红细胞内可见虫体，穿刺淋巴结，在淋巴细胞内可见石榴体。

【类症鉴别】

1. 泰勒虫病与锥虫病的鉴别诊断

［**相似点**］泰勒虫病与锥虫病均有传染性，体温高（40～41.8℃），消瘦，贫血，血稀，红细胞减少，无血红蛋白尿。

［**不同点**］锥虫病不是由蜱传染而是由虻蝇传染。皮肤坏死、溃疡，毛稀疏。耳、尾干枯、脱落，用血涂片可检热型呈间歇热。

2. 泰勒虫病与牛双芽巴贝斯焦虫病的鉴别诊断

［**相似点**］泰勒虫病与牛双芽巴贝斯焦虫病均有由蜱传染，体温高（40～41℃），呈稽留热，消瘦，贫血，黄疸，红细胞减少，血稀，尿频而量少，便秘或下痢，心跳、呼吸增数。

［**不同点**］牛双芽巴贝斯焦虫病有血红蛋白尿，尿色由淡红、棕红至黑红。血液涂片检查，有位于红细胞中央（占绝大多数）、长度大于红细胞半径、成对的梨形虫体尖端相对排列成锐角。无体表淋巴结肿胀，肌肉、眼睑、尾根皮肤薄处有溢血斑。

3. 泰勒虫病与牛巴贝斯焦虫病的鉴别诊断

［**相似点**］泰勒虫病与牛巴贝斯焦虫病均由蜱传染，体温高（41.1℃），呈稽留热，食欲、反刍减少或废绝，贫血，黄疸，尿频。

［**不同点**］牛巴贝斯焦虫病多发生于1～7月龄犊，8月龄以上犊很少发病，排血红蛋白尿，病初红细胞内虫体以环形和边虫形多，以后出现梨形虫体。

4. 泰勒虫病与无浆体病的鉴别诊断

［**相似点**］泰勒虫病与无浆体病均由蜱传染，体温高（40～41.5℃），食欲、反刍减少，沉郁消瘦，便秘，腹泻，心跳，呼吸增数，黄染，肌肉震颤。

［**不同点**］无浆体病可视黏膜及皮肤十分苍白，眼睑、咽喉、颈部水肿。尿清常起泡沫。取2滴待检血浆或血清，加1滴抗原，在室温（19～30℃）下混合，转动4分钟，出现颗粒伏凝集者为阳性。

【防制】

1. 预防措施

进入温暖季节后，要以25％二嗪农杀虫乳液2.4毫升，加常水1000毫升，对牛舍和牛体进行喷洒以杀灭蜱，每个月1次。

2. 发病后措施

处方1：①磺胺甲氧吡嗪50毫克/千克体重、甲氧苄氨嘧啶25毫克/千克体重、磷酸伯胺喹啉0.75毫克/千克体重，混合均匀，温水调灌服，1次/天，连用2～3天。②10%葡萄糖注射液1500～2500毫升、生理盐水注射液500～1000毫升、10%安钠咖20毫升，静脉注射，2次/天，连用3～5天。③0.1%维生素B_{12}注射液2毫升，肌内注射，1次/天，连用3～5天。④右旋糖酐铁注射液10毫克/千克体重，深部肌内注射。

处方2：①三氮脒5～7毫克/千克体重，以注射用水配成7%溶液，深部肌内注射，1次/天，连用2～3次。如红细胞染虫率下降不明显，应继续用药2次。②0.1%维生素B_{12}注射液2毫升，肌内注射，1次/天，连用3～5天。③右旋糖酐铁注射液10毫克/千克体重，深部肌内注射。

十七、螨病

牛螨病主要是由疥螨和痒螨寄生于牛表皮内或体表所引起的慢性皮肤病。临床上以剧痒和皮炎为特征。

【病原】疥螨寄生于牛等动物的表皮深层。虫体呈圆形，背面隆起，腹部扁平，浅黄色，大小为0.2～0.5毫米。痒螨寄生于牛等动物的体表。虫体呈椭圆形，大小为0.52～0.8毫米，虫体前端突出一长椭圆形的吸吮型口器。

【流行病学】螨病主要通过病牛和健康牛直接接触传播，或通过被病牛污染的圈舍、用具等间接接触传播。此外，亦可由工作人员的衣服、手及诊断治疗器械传播病原。螨病主要发生于秋末、冬季和初春，尤其在牛舍潮湿、阴暗、拥挤及卫生条件差的情况下，极易造成螨病的严重流行。疥螨和痒螨的全部发育过程均在动物体上进行，包括卵、幼虫、若虫、成虫4个阶段。疥螨的口器为咀嚼式，在牛表皮内挖掘隧道，以角质层组织和渗出的淋巴液为食，在此发育和繁殖。痒螨以口器穿刺皮肤，以组织细胞和体液为食。

【临床症状】牛的疥螨和痒螨大多混合感染。初期多在头、颈部发生不规则丘疹样病变，病牛剧痒，到处用力擦痒或用嘴啃咬患处，造成局部损伤、脱屑、脱毛和发炎，甚至出血、皮肤增厚、弹性下降。鳞屑、污物、被毛和渗出物粘在一起，形成痂皮，痂皮被擦破后，创面有多量液体渗出及毛细血管出血，又重新结痂。病变逐渐扩大，往往波及全身，病牛长期躁动不安，严重影响牛采食和休息，消化、吸收功能减退，日渐消瘦。若继发感染，则体温升高。严重时因消瘦、衰竭死亡。

【实验室检查】病变部位检出病原即可确诊。首先在患部皮肤和健康皮肤交界处剪毛，刮下表层痂皮，用消毒的凸刃刀片，刮取病灶边缘处皮屑，刮至皮肤微出血为止，将刮下的皮屑收集于培养皿或试管内，然后通过直接涂片法、沉淀法、漂浮法检查病原。

【类症鉴别】

1. 牛螨病与湿疹（慢性）的鉴别诊断

［**相似点**］牛螨病与湿疹（慢性）均有瘙痒、皮肤增厚，长毛处积皮屑，有结节、水疱，易复发等症状。

［**不同点**］湿疹的病变部结痂即痊愈，病情春季加重，不表现消瘦，镜检无螨虫。

2. 牛螨病与毛癣菌病的鉴别诊断

［**相似点**］牛螨病与毛癣菌病均有局部脱毛、水疱、结痂、皮肤增厚、瘙痒等症状。

［**不同点**］毛癣菌病多呈局限性脱毛斑，毛多折断，马无痒感，牛有痂块，可达2～7毫米厚，痂皮脱落成秃斑，逐渐长新毛。能很快扩大传染，刮取皮屑镜检不见螨虫。

3. 牛螨病与牛虱病的鉴别诊断

［**相似点**］牛螨病与牛虱病均有瘙痒、摩擦、不安等症状。

［**不同点**］牛虱多寄生于额、耳根、颈肩、尾根，逆向拨毛可见有芝麻大小的黑色或色淡的虱子爬动。

【防制】

1. 预防措施

（1）加强管理　平时对圈舍、场地经常打扫，定期

消毒，保持圈舍通风干燥，宽敞明亮。

（2）隔离饲养　经常观察牛群，检查有无脱毛、发痒现象，发现可疑病牛，应立即隔离并查明原因给予治疗。引入牛后隔离一段时间，必要时进行灭螨处理后再合群。

（3）药物预防　牛群中发现疥螨病时，以伊维菌素预混剂（按伊维菌素计）2 克拌料 1000 千克，全群混饲，连用 7 天。

2. 发病后措施

处方 1：①患部及其周围剪毛，除去污垢和痂皮，以温肥皂水或 2%温来苏尔水刷洗。②以硫黄软膏涂抹患部，2 次/天，直至痊愈。

处方 2：①1%伊维菌素注射液 0.3 毫升/千克体重，皮下注射。如不能痊愈，可每隔 7 天用药 1 次，连用 2～3 次。②以硫黄软膏涂抹患部，2 次/天，直至痊愈。

处方 3：敌百虫，用 2%～3%水溶液涂擦患部，每次不宜超过 10 克，每次治疗后应间隔 2～3 天再处理。或敌百虫 1 份加液体石蜡 4 份，加温溶解后涂擦患部。或溴氰菊酯（敌杀死、倍特），配成 0.005%～0.008%水溶液，喷淋或涂擦，1 周后再治疗 1 次。或双甲脒（特敌克），12.5%双甲脒乳油 1 毫升，配成 0.2%～0.3%水溶液，喷淋或涂擦。

第三章　营养代谢病的类症鉴别与防治

一、母牛卧倒不起综合征

指母牛分娩前后发生卧倒后不能起立，用钙剂治疗无效或效果不明显的一种临床综合征。多发生于分娩后2～3天的高产奶牛。

【病因】由矿物质代谢紊乱引起，尤其是低钙血症、低磷酸盐血症、低钾血症和低镁血症。低钙血症用钙剂治疗有效。病牛用钙剂治疗时，精神沉郁和昏迷状态虽然有所好转，但依然爬不起来，多为低磷酸盐血症；精神抑郁和昏迷状态完全消失，甚至开始有食欲，但仍不能站起来，多为低钾血症引起的肌肉衰弱所致；若爬不起来，还伴有抽搐、感觉过敏、阵发性或强直性肌肉痉挛等症状，则可能为低镁血症。

由于胎儿过大，产道开张不全，粗暴助产，损伤产道及周围神经，犊牛产出后，母牛发生麻痹，如同时伴有低钙血症，则常发展为本病。若躺卧超过4小时，可因血液供应障碍造成局部缺血性坏死，尤其是坐骨区肌

肉和髋关节周围组织发生坏死，使症状加重。

产前饲喂高蛋白、低能量日粮，由于瘤胃内异常发酵，产生大量有毒物质，以分娩为契机，由于自体中毒而引起卧倒不起综合征。

此外，酮病、髋关节脱臼、四肢骨及骨盆骨折、败血性子宫内膜炎、子宫扭转、败血性乳房炎、闭孔神经麻痹等疾病，也可能诱发本病。

【临床症状】病初呈现短暂的兴奋，头、颈及四肢肌肉震颤，呆立不动，摇头，磨牙，消化机能紊乱，食欲减退，反刍减少，体温一般正常。后肢僵硬无力，平衡失调，当挣扎站立时，常前肢伏于地上，呈犬坐姿势。继之转为精神沉郁，卧地不起，反应迟钝，后躯麻痹，头曲于腹部一侧。鼻镜干燥，四肢末端发凉，体温略低，一般为36～38℃，表情呆滞，食欲和反刍消失，瘤胃蠕动音减弱或消失，粪便干燥。很快转入昏迷状态，病牛侧卧于地上，四肢无目的地划动，呼吸心跳微弱，呈昏睡状，最后体温下降而死亡。

【类症鉴别】

1. 母牛卧倒不起综合征与生产瘫痪的鉴别诊断

［**相似点**］母牛卧倒不起综合征与生产瘫痪均在分娩过程中或产后48小时内发病，突然爬不起来，心跳80～100次。

［**不同点**］生产瘫痪食欲废绝，体温低于正常，昏睡，眼睑反射减弱或消失，瞳孔散大，用钙疗有80%痊愈。

2. 母牛卧倒不起综合征与髋关节脱臼的鉴别诊断

［**相似点**］母牛卧倒不起综合征与髋关节脱臼均有卧

地爬不起来，精神、饮食不好，粪尿排泄无异常等症状。

［**不同点**］髋关节脱臼的髋关节凹陷或凸出，手按髋关节，将后肢动作时关节有骨质摩擦音，直肠检查，可触知髋关节异常。

3. 母牛卧倒不起综合征与腰椎骨折（截瘫）的鉴别诊断

［**相似点**］母牛卧倒不起综合征与腰椎骨折（截瘫）均有卧倒爬不起来，体温正常等症状。

［**不同点**］腰椎骨折（截瘫）病前曾有跳跃、摔倒情况。不能排粪尿，直肠检查，腰椎不平整，有疼感，背部按压也有痛感。

4. 母牛卧倒不起综合征与牛妊娠毒血症的鉴别诊断

［**相似点**］母牛卧倒不起综合征与牛妊娠毒血症均有体温、呼吸无变化，卧倒爬不起来等症状。

［**不同点**］牛妊娠毒血症初便秘，后腹泻，粪黄白色有恶臭。发病多在分娩前 2 个月，发病率 1%，病死率 100%。

【防制】

1. 预防措施

牛群不得使用单一精料饲喂，应供给配合的平衡日粮，以防钙、磷缺乏。奶牛产前 1 周，维生素 D_3 注射液 1500～3000 国际单位/千克体重，肌内注射，1 次/天，连用 7 天。产前避免饲喂高蛋白、高能量日粮。

2. 发病后措施

处方 1：①葡萄糖生理盐水注射液 1500～2500 毫升、10% 葡萄糖酸钙注射液 800～1000 毫升，静脉注射，2 次/天，连用 2～3 天。②骨化醇注射液 0.15 万～0.3 万单位/次，肌内注射，

1 次/天，连用 3～5 天。③骨粉 10 千克拌入 1000 千克饲料中，全群混饲，连用 5～7 天。

处方 2：①葡萄糖生理盐水注射液 1500～2500 毫升、25% 葡萄糖酸钙注射液 400～600 毫升，静脉注射，2 次/天，连用 2～3 天。②骨粉 10 千克拌入 1000 千克饲料中，全群混饲，连用 5～7 天。③维生素 D_3 注射液 1500～3000 国际单位/千克体重，肌内注射，1 次/天，连用 5～7 天。

处方 3：以上处方无效时，应考虑低镁和低钾血症。疑为低钾血症（母牛机敏，爬行和挣扎，但不能站立），用 10% 氯化钾溶液 100～150 毫升、5% 葡萄糖注射液 2000 毫升，混合，一次缓慢注射。疑为低镁血症（伴有抽搐和感觉过敏），用 20%～25% 硫酸镁溶液 100～200 毫升，一次静脉注射。

二、奶牛醋酮血症

奶牛醋酮血症又称酮病，是由于脂肪代谢紊乱，使酮体在体内大量蓄积而引起的代谢性疾病。多发生于产后 3 周以内的高产奶牛，临床上以精神异常、代谢紊乱、酮血、酮尿、酮乳和酮中毒为特征。

【病因】大量喂给高能量、高蛋白饲料，日粮中缺乏优质的秸秆、青绿多汁的粗饲料，加之缺乏经常性的运动所致。

内分泌功能失调，如脑垂体-肾上腺皮质功能不全，甲状腺机能减退，微量元素钴缺乏，都可引起酮病发生。

皱胃变位、创伤性网胃炎、前胃弛缓、胃肠卡他、子宫内膜炎、产后瘫痪等疾病，也可继发本病。

【临床症状】根据血液中酮体含量和有无临床表现，可将本病分为临床型酮病和亚临床型酮病两种。

（1）临床型酮病　根据临床表现又可分为消化型、神经型和瘫痪型。消化型，病初食欲减退，拒食精料，尚能采食少量干草。继而食欲废绝，发生异嗜症，喜喝污水、尿汤，吃污秽不洁的垫草。初便秘，后多排出恶臭的稀粪。瘤胃弛缓，蠕动减弱。体温正常或下降，心跳增数，呼吸浅表。呼出气、尿液、乳汁中有刺鼻的酮臭味（烂苹果味）。病牛精神沉郁，不愿走动。体重减轻，皮下脂肪消失，皮肤弹性减退。泌乳量减少，重者产奶量骤减或无乳。神经型，突然发作，上槽后不认槽，在棚内乱转，眼球突出，目光凶视，横冲直撞，站立不安，全身紧张，颈部肌肉强直。有的牛在运动场内乱跑，空口咀嚼，流涎，感觉过敏，舐舌，眼球震颤，哞叫，状似“疯牛”。有的表现沉郁症状，不愿走动，呆立槽前，头低耳耷，目光无神，状似睡态，对外界刺激反应迟钝。瘫痪型，许多症状与生产瘫痪相似，还出现以上酮病的一些主要症状，如食欲减退或废绝、前胃弛缓等消化系统功能紊乱表现，以及对刺激反应敏感、肌肉震颤、痉挛，泌乳量急剧下降等神经症状，但用钙制剂治疗效果微弱。

（2）亚临床型酮病　无明显临床症状，仅见乳、尿、血中酮体含量升高，间或有产奶量下降和体重减轻现象。

【类症鉴别】

1. 奶牛醋酮血症与皱胃左方移位的鉴别诊断

［**相似点**］奶牛醋酮血症与皱胃左方移位均有产后发病，体温不高，呼出气、尿和奶有酮气味，腹痛等症状。

［**不同点**］皱胃左方移位时左侧最后三肋弓区听诊的

蠕动音与瘤胃蠕动音不一致，并可听到钢管音，与对侧（最后三肋弓区）相比稍显膨胀，而左肷下陷。

2. 奶牛醋酮血症与前胃弛缓的鉴别诊断

［**相似点**］奶牛醋酮血症与前胃弛缓均有体温不高，食欲、反刍减退，空嚼，有时粪干等症状。

［**不同点**］前胃弛缓不一定在产后突然发病，奶、尿和呼出气无酮气味。

3. 奶牛醋酮血症与骨软症的鉴别诊断

［**相似点**］奶牛醋酮血症与骨软症均体温不高，食欲、反刍减少，产后好卧、瘫痪。

［**不同点**］骨软症有异嗜，尾梢柔软可折叠，四肢运动强拘，奶、尿和呼出气无酮气味。

4. 奶牛醋酮血症与子宫炎（可继发酮尿症）的鉴别诊断

［**相似点**］奶牛醋酮血症与子宫炎（可继发酮尿症）的血酮水平升高（一般不高于0.5毫克/毫升），拱腰。

［**不同点**］子宫炎直肠检查，按压子宫敏感，按压时阴户流出分泌物增加，酮粉检验阴性。奶牛醋酮血症多发生在产后几天或几周，呼出气、奶汁和尿有酮气味，沉郁，拱背，嗜眠。

5. 奶牛醋酮血症与乳腺炎（可继发酮尿症）的鉴别诊断

［**相似点**］奶牛醋酮血症与乳腺炎（可继发酮尿症）的血酮水平升高（一般不高于0.5毫克/毫升），拱腰。

［**不同点**］乳腺炎（可继发酮尿症）乳房肿、痛、硬，有热痛，尿铜粉试验阴性。

6. 奶牛醋酮血症与青草搐搦的鉴别诊断

［**相似点**］奶牛醋酮血症与青草搐搦均产前肥胖，感

觉过敏，空嚼，沉郁凝视（警惕），摇摆，吃草反刍废绝，沉郁兴奋反复间断发作。

［**不同点**］青草搐搦是有大量施钾肥、氮肥的草地放牧史，天气恶劣情况下易发，两耳竖立，突发声响或触动，均能引起惊厥。血清镁低于25～30毫克/升。

7. 奶牛醋酮血症与产后瘫痪的鉴别诊断

［**相似点**］奶牛醋酮血症与产后瘫痪均在产后发病，沉郁，食欲减退或废绝，嗜眠，体温不高。

［**不同点**］产后瘫痪不愿走动，四肢肌肉震颤，皮温低，病后几小时即不能站立，昏睡，眼睑反射减弱或消失，瞳孔散大，肛门松弛，舌垂于唇外，流涎。

8. 奶牛醋酮血症与牛妊娠毒血症的鉴别诊断

［**相似点**］奶牛醋酮血症与牛妊娠毒血症均有母牛肥胖，食欲减退，便秘沉郁，凝视，有时狂躁，摇摆，腹痛等症状。

［**不同点**］牛妊娠毒血症常在产前发病，共济失调，步态踉跄，卧地（常伏卧）不起，体温、心跳、呼吸均正常，先便秘后腹泻，粪恶臭。

【防制】

1. 预防措施

奶牛应按不同的饲养阶段，供给不同的平衡日粮。舍饲奶牛每天必须定时进行舍外运动两次，每次1小时。高产奶牛应定期检查奶、尿中酮体含量，以便早发现，早防治。

2. 发病后措施

首先减少饼粕、黄豆等精料的饲喂量，增喂玉米、

甜菜、干草等粗饲料，并适当增加运动。治疗以提高血糖浓度、缓解酸中毒和调整胃肠机能为原则。

处方 1：①25%葡萄糖注射液 500～1000 毫升、葡萄糖生理盐水注射液 2500～3500 毫升、5%碳酸氢钠注射液 300～800 毫升、地塞米松磷酸钠注射液 20 毫克/千克体重、10%樟脑磺酸钠注射液 20～30 毫升，静脉注射，2～3 次/天，连用 2～3 天。②乳酸铵 200 克，温水调灌服，1 次/天，连用 7 天。③电解多维 500 克，加入清水 1000 千克，共全群饮用，连用 5～7 天。

处方 2：①10%葡萄糖酸钙注射液 200～300 毫升、地塞米松磷酸钠注射液 20 毫克/千克体重、葡萄糖生理盐水注射液 2500～3500 毫升、10%樟脑磺酸钠注射液 20～30 毫升，静脉注射，2～3 次/天，连用 2～3 天。②丙三醇（甘油）250 毫升、温水 1500 毫升，1 次灌服，2 次/天，连用 5 天。③电解多维 500 克，加入清水 1000 千克，共全群饮用，连用 5～7 天。

处方 3：①硫丙酰甘氨酸 50 毫升（2500 毫克）、葡萄糖生理盐水注射液 2500～3000 毫升，静脉注射，1 次/天，连用 5 天。②电解多维 500 克，加入清水 1000 千克，共全群饮用，连用 5～7 天。

三、佝偻病

指犊牛在生长过程中，由于矿物质钙、磷和维生素 D 缺乏所致的成骨细胞钙不全、软骨肥大及骨骺增大的骨营养不良性疾病。其特征是消化紊乱，长骨弯曲和跛行。

【病因】由于日粮中钙、磷缺乏，或者是由于维生素 D 不足影响钙、磷的吸收和利用，而导致骨骼异常，饲料利用率降低，异嗜，生长速率下降。

【临床症状】四肢各关节肿大，特别是腕关节和跗关节最为明显。四肢长骨弯曲变形，肋和肋软骨连接处肿大呈串珠样，脊柱变形。站立时拱背。两前肢腕关节外展呈“O”形；两后肢跗关节向内收呈“X”状，运步强拘，起立和运动困难，跛行，喜卧不起。牙齿发育不良，咀嚼困难。胸廓变形，鼻、上颌肿大、隆起，颜面增宽，呈“大头”。呼吸困难。重病牛有神经症状，搐搦，痉挛，易发生骨折，韧带剥脱。

【病理变化】 主要病理变化是骨肿大、变形、质软；骨钙化不全。

【类症鉴别】

1. 佝偻病与先天性屈腱挛缩的鉴别诊断

［**相似点**］佝偻病与先天性屈腱挛缩均有初生幼畜运步缓慢、艰难，行走不稳等症状。

［**不同点**］先天性屈腱挛缩的球关节及冠关节屈曲不能伸展，蹄尖着地。

2. 佝偻病与风湿症的鉴别诊断

［**相似点**］佝偻病与风湿症均有运步艰难，好卧等症状。

［**不同点**］风湿症站立时不出现肢体弯曲变形。在运动中初强拘、跛行，持续运动强拘、跛行逐渐减轻或消失；休息后再运动又强拘、跛行。

3. 佝偻病与幼驹脓毒败血症的鉴别诊断

［**相似点**］佝偻病与幼驹脓毒败血症均有运步不正常，显跛行等症状。

［**不同点**］幼驹脓毒败血症体温高（40～41℃），关节肿大，有热痛。关节液镜检有链球菌。

4. 佝偻病与碘缺乏症的鉴别诊断

［**相似点**］佝偻病与碘缺乏症均有精神不活泼，腕关节弯曲，四肢骨骼变形等症状。

［**不同点**］碘缺乏症站立困难，甚至腕关节着地（驹后肢伸直）。皮肤干燥、增厚、粗糙，甲状腺肿大。

5. 佝偻病与锰缺乏症的鉴别诊断

［**相似点**］佝偻病与锰缺乏症均有腕关节弯曲，运动障碍等症状。

［**不同点**］锰缺乏症的犊牛骨骼变形，前肢粗短弯曲，关节麻痹，肌肉震颤乃至痉挛收缩，哞叫。

6. 佝偻病与慢性变形性跗关节炎及骨关节病的鉴别诊断

［**相似点**］佝偻病与慢性变形性跗关节炎及骨关节病开始运动时跛行较重，随着运动继续跛行减轻或消失，经休息后再运动又显跛行。

［**不同点**］慢性变形性跗关节炎及骨关节病多在跗关节内侧有骨赘，站立时关节屈曲，蹄尖着地，运动关节屈曲不全。

7. 佝偻病与关节周围炎的鉴别诊断

［**相似点**］佝偻病与关节周围炎运动之初跛行显著，持续运动跛行减轻或消失，休息后再运动又显跛行。

［**不同点**］关节周围炎的关节肿胀，急性时有热痛，慢性时无热无痛（或微痛）。转动关节时疼痛，活动范围小，站立时蹄尖着地。

【防制】

1. 预防措施

加强妊娠后期母牛的饲养管理，防止犊牛先天性骨发育不良。出生后，加强犊牛的护理。尽早培养采食能力，饲料安排应以适口性好、品质好的为主，保证蛋白质、矿物质及维生素的供给。犊牛舍应干燥、通风，并且日光充足。

2. 发病后措施

在饲养上供给豆科牧草及其籽实、优质干草和骨粉。

处方1：维生素 D_2（骨化醇）200万～400万国际单位，肌内注射，隔天1次，3～5次为1个疗程。

处方2：维生素AD注射液（维生素A 25万国际单位、维生素D 2.5万国际单位）50万～100万国际单位，或维丁胶性钙5～10毫升，一次肌内注射，每天1次，连续注射3～5天。

四、维生素A缺乏症

维生素A缺乏症是由于日粮中维生素A原（胡萝卜素等）和维生素A供应不足或消化吸收障碍所引起的以黏膜、皮肤上皮角化变质，生长停滞，干眼病和夜盲症为主要特征的疾病。

【病因】长期饲喂不含动物性饲料或使用白玉米等日粮，又不注意补充维生素A时就易产生缺乏症。饲料中油脂缺乏、长期拉稀、肝胆疾病、十二指肠炎症等都可造成维生素A的吸收障碍。

【临床症状】维生素A缺乏多见于犊牛，主要表现生长发育迟缓，消瘦，精神沉郁，共济运动失调，嗜眠。眼睑肿胀、流泪，眼内有干酪样物质积聚，常将上、下眼睑粘连在一起，出现夜盲。角膜浑浊不透明，严重者角膜软化或穿孔，直至失明。常伴发上呼吸道炎症或支

气管肺炎，出现咳嗽，呼吸困难，体温升高，心跳加快，鼻孔流出黏液或黏液脓性分泌物。

成年牛表现消化紊乱，前胃弛缓，精神沉郁，被毛粗乱，进行性消瘦，夜盲，甚至出现角膜浑浊、溃疡。母牛表现不孕、流产、胎衣不下；公牛肾脏功能障碍，尿酸盐排泄受阻，有时发生尿结石，性机能减退，精液品质下降。

【类症鉴别】

1. 维生素A缺乏症与青光眼的鉴别诊断

[**相似点**] 维生素A缺乏症与青光眼均有盲目行走，不避障碍物，易跌进水坑等症状。

[**不同点**] 青光眼的瞳孔散大，白天也看不清障碍物，眼球突出，按压坚实。

2. 维生素A缺乏症与犊牛先天性脑室水肿的鉴别诊断

[**相似点**] 维生素A缺乏症与犊牛先天性脑室水肿均有几步之内不能看到障碍物，盲目行走等症状。

[**不同点**] 犊牛先天性脑室水肿的额突出，眼眶小，眼球突出，在阵发痉挛前，先收拢四肢，发抖，继而犬坐势，又突然起立向前冲，再倒地抽搐。白天也看不清障碍物。

【防制】

1. 预防措施

停喂储存过久或霉变饲料；全年均应供给适量的青绿饲料，避免终年只喂给农作物秸秆。怀孕后期的母牛注意喂给含维生素A原多的青干草、胡萝卜、南瓜、黄玉米等饲料，不喂青储饲料和肥沃的牧草，并加喂麸皮补磷、镁。

2. 发病后措施

处方 1：①鱼肝油 50～80 毫升/次，拌入精料喂给，1 次/天，连用 3～5 天。②苍术 50～80 克/次，混入精料中全群喂给，1 次/天，连用5～7 天。

处方 2：①维生素 AD 注射液（维生素 A 25 万国际单位、维生素 D 2.5 万国际单位）10 毫升/次，肌内注射，1 次/天，连用 3～5 天。②胡萝卜 500 克/头，全群喂给，1 次/天，连用 10～15 天。

五、维生素 E 缺乏症

维生素 E 又称生育酚。当动物缺乏时，可引起一系列疾病，其中主要是幼畜幼禽的肌肉不良，牛营养性肝坏死，猪肝营养不良和小鸡渗出性素质等。

【病因】维生素 E 的化学性质不十分稳定，在饲料中被矿物质和不饱和脂肪酸所氧化，鱼肝油可使生育酚的活性丧失；青草和青绿豆科植物中含过多的不饱和脂肪酸。当瘤胃氧化作用不完全时，则胃肠道吸收不饱和脂肪酸增加，其游离根与维生素 E 结合，于是有效维生素 E 减少，导致缺乏。各种植物种子的胚乳中（稻、麦、豆、玉米、棉籽等）都含有比较丰富的维生素 E，如饲料缺乏这种胚乳，自然易发生本病。

【临床症状】犊牛因地方性肌营养不良，呈现运动障碍，步态强拘，蹒跚，不能随意乱跑或吃草，接近母畜时还能吃奶（骨骼肌营养不良，显著萎缩）。呼吸困难和腹式呼吸（膈肌、肋间肌分布有营养不良的肌束），心律不齐（急性型心肌营养不良占优势）。成年马还可出现肌

红蛋白尿（地方性肌红蛋白尿）。尿中肌酸排泄量增高。

犊牛尿中肌酸值，24 小时为 2～3 毫克/毫升。但有病犊牛可达 15 毫克/毫升。病的后期，已有大量肌块发生变性。因此，肌酸的排泄量低于正常。病犊血清中的谷草转氨酶含量为 300～900 单位（正常则低于 100 单位）。

【类症鉴别】

1. 维生素 E 缺乏症与犊牛白肌病的鉴别诊断

［**相似点**］维生素 E 缺乏症与犊牛白肌病均有站立不稳，步态不稳，呼吸增数，心跳快，尿中肌酸含量高（1.5～3 毫克/毫升），肌肉变性等症状。

［**不同点**］犊牛白肌病多数病犊发生结膜炎、角膜浑浊和角膜软化，常继发支气管炎、肺炎，角弓反张。

2. 维生素 E 缺乏症与风湿病的鉴别诊断

［**相似点**］维生素 E 缺乏症与风湿病均有运动障碍，步态强拘，不能随意乱动等症状。

［**不同点**］风湿病持续运动中跛行或强拘减轻或消失，休息后再运动又显强拘或跛行。

【防制】

1. 预防措施

尽量避免用病区的牧草饲喂。在饲料中加补麦胚油或麦片、小麦麸或醋酸生育酚。对新生犊牛可皮下注射维生素 E50～150 毫克和亚硒酸钠注射液 3 毫克，隔 2～4 周再注射 1 次维生素 E 制剂 500 毫克；妊娠母牛宜在分娩前 1～2 个月时，混饲维生素 E 制剂（1000～1500 毫克）和亚硒酸钠（20～25 毫克），隔 3 周后按上述剂量再混饲 1 次。

2. 发病后措施

处方 1：醋酸维生素 E（每毫升含 50 毫克），犊牛 0.5～1.5 克，肌内注射或皮下注射。

处方 2：0.1%亚硒酸钠溶液，牛 30～50 毫升，犊牛 5～8 毫升肌内注射。

六、核黄素缺乏症

核黄素（维生素 B_2）是所有动物细胞氧化过程中所必需的元素。但在自然条件下，核黄素的缺乏是罕见的，这是因为生长旺盛的青绿植物和动物蛋白及奶是核黄素的良好来源，而且有部分能在所有动物的消化道中由微生物合成。

【病因】在犊牛的瘤胃尚未充分发育前，过早断奶；缺乏青绿饲料及动物蛋白，而胃肠道有病，失去或降低合成功能。

【临床症状】口唇、口角、鼻孔周围和黏膜明显充血，流涎，厌食，生长不良，腹泻。

【类症鉴别】

1. 核黄素缺乏症与犊牛轮状病毒病的鉴别诊断

［**相似点**］核黄素缺乏症与犊牛轮状病毒病均有厌食、腹泻等症状。

［**不同点**］犊牛轮状病毒病多为 1 周内幼犊发病，有传染性。不流涎、流泪，唇、口角、鼻周围不充血。

2. 核黄素缺乏症与犊牛衣原体病的鉴别诊断

［**相似点**］核黄素缺乏症与犊牛衣原体病均有腹泻、流泪等症状。

［**不同点**］犊牛衣原体病体温高（40～41℃），鼻流浆性鼻液，随后出现咳嗽、支气管肺炎症状。有传染性。唇、口角、鼻孔周围不充血。

【防制】

1. 预防措施

犊牛不要过早断奶，必须在瘤胃充分发育后再断奶。当幼畜胃肠道有疾病时应注意核黄素的补充，以免本病的发生。

2. 发病后措施

处方：维生素 B_2（每片含 5 毫克），每千克体重 0.1～0.2 毫克。针剂（每 2 毫升含 5 毫克）皮下注射量与内服量同。

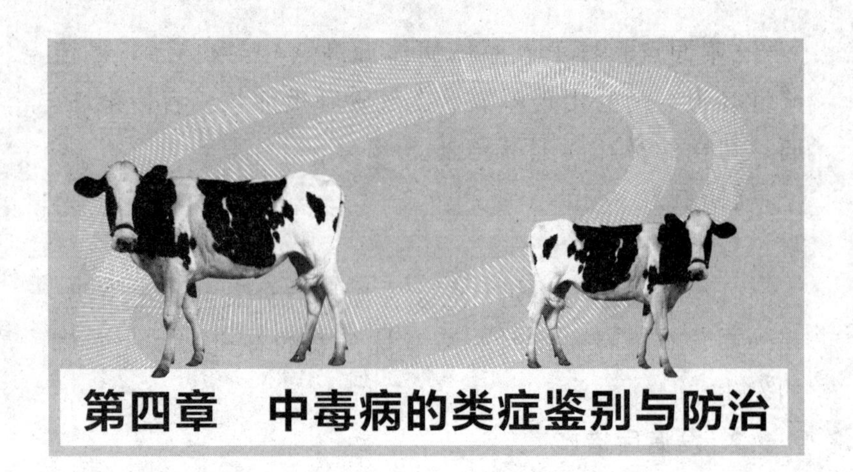

第四章　中毒病的类症鉴别与防治

一、瘤胃酸中毒

瘤胃酸中毒是由于牛采食了多量富含碳水化合物的饲料后，在瘤胃内异常发酵产生大量乳酸，乳酸被吸收而引起的一种疾病。瘤胃酸中毒多发生于牛，尤其是分娩前后和泌乳盛期的乳牛，死亡率很高。

【病因】由牛过食谷物精料，如玉米、大麦、小麦、高粱等，或块根、块茎类饲料，如甜菜、马铃薯、甘薯、萝卜等，而缺乏粗饲料而引发；或由粗饲料品质不良，或突然改变饲料配方而大量添加谷物精料和块根、块茎类饲料引发。

【临床症状】急性病例常无明显的前驱症状，而突然死亡。亚急性病例，表现精神沉郁，行动迟缓，步态不稳，呼吸急促，心跳加快。瘤胃内容物呈粥状，临死前呻吟，倒于地上，四肢呈游泳状划动，高声哞叫。病情较缓和的病例，体温正常或稍升高，呼吸、心跳增数，食欲、反刍废绝，瘤胃蠕动迟缓或停止，嗳出酸臭气体。

逐渐出现脱水症状，眼球下陷，皮肤干燥无弹性，血液浓稠，少尿或无尿。如治疗不及时，很快出现神经症状，兴奋不安或精神沉郁，最后卧地不起，呈昏睡状态，很快死亡。

【实验室检查】 检查血液中乳酸、碱储等含量以及尿液、瘤胃液酸碱度等，有助确诊。

【类症鉴别】

1. 瘤胃酸中毒与前胃弛缓的鉴别诊断

［**相似点**］瘤胃酸中毒与前胃弛缓均有吃草、反刍减少或废绝，瘤胃柔软蠕动弱，懒于行动等症状。

［**不同点**］前胃弛缓一般按压瘤胃留指痕（在瘤胃因用药不当而使渗透压升高或饮水不能通过网瓣孔才会有较多的水分）。末期才出现沉郁，瘤胃和尿的 pH 不会急剧下降。

2. 瘤胃酸中毒与牛过食豆类病的鉴别诊断

［**相似点**］瘤胃酸中毒与牛过食豆类病吃草反刍减少或废绝，慢性时瘤胃柔软，蠕动减弱，呼吸、心跳增数，懒于行动。

［**不同点**］牛过食豆类病主要是因多吃黄豆、豆饼而发病的，瘤胃常呈泡沫性臌胀，导出瘤胃内容物多为灰白色，甚至有豆瓣，粪便呈灰白色有恶臭。瘤胃及尿 pH 值初高后降低，血氨增加。

【防制】

1. 预防措施

精料中各种营养成分应达饲养标准，切忌以玉米、大麦、小麦、高粱等精饲料代替配合饲料喂牛。

2. 发病后措施

治疗原则是迅速排除有毒的瘤胃内容物，缓解酸中毒，纠正脱水，恢复胃肠功能。

处方 1：①20%安钠咖 20～30 毫升、葡萄糖生理盐水注射液 3500～5500 毫升，静脉注射，2 次/天，连用 2～3 天。②平胃散 300～400 克、碳酸氢钠 200 克，温水调，一次灌服，1 次/天，连用 2～3 天。

处方 2：①10%樟脑磺酸钠注射液 20～30 毫升、10%维生素 C 注射液 20～40 毫升、葡萄糖生理盐水注射液 3500～5500 毫升、10%葡萄糖酸钙注射液 800～1000 毫升，静脉注射，2 次/天，连用 2～3 天。②平胃散 300～400 克、碳酸氢钠 200 克，温水调，一次灌服，1 次/天，连用 2～3 天。

二、菜籽饼中毒

菜籽饼所含芥子油苷可水解生成异硫氰酸烯酯和硫氰酸盐，畜禽采食过多时引起肺、肝、肾及甲状腺等多器官损害，临床上以急性胃肠炎、肺气肿、肺水肿和肾炎为特征。

【病因】 牛采食过多没有脱毒处理的菜籽饼。

【临床症状】 患畜精神萎靡，不吃，不反刍，站立不稳，口吐白沫，呼吸加快，鼻腔流出泡沫液体，黏膜淤血带黄，耳尖发凉，体温较低，腹胀，腹痛，腹泻，粪便带血，尿血，严重者全身出汗，导致死亡。

【实验室检查】 确诊需进行实验室毒物检验。

【类症鉴别】

1. 菜籽饼中毒与黑斑病红薯中毒的鉴别诊断

［**相似点**］菜籽饼中毒与黑斑病红薯中毒均体温正

常，呼吸增快、困难，张口呼吸，皮下出现气肿，绝食。

[**不同点**] 黑斑病红薯中毒因采食黑斑病红薯和秧苗及其加工的副产品而发病，不出现视力障碍、血红蛋白尿及过敏擦痒。

2. 菜籽饼中毒与铅中毒的鉴别诊断

[**相似点**] 菜籽饼中毒与铅中毒均有精神沉郁，厌食，流涎，呼吸增快，腹泻等症状。

[**不同点**] 铅中毒有采食或舐油漆或其他含铅物质的饲草、饲料的经历。步态蹒跚，转圈，兴奋时肌肉痉挛、抽搐，关节僵硬，牙关紧闭，眼球转动，后全身麻痹，陷于昏睡，红细胞减少。

3. 菜籽饼中毒与钩端螺旋体病的鉴别诊断

[**相似点**] 菜籽饼中毒与钩端螺旋体病均有厌食，血红蛋白尿，黏膜黄疸，皮肤有损伤等症状。

[**不同点**] 钩端螺旋体病没有采食菜籽饼，有高热（40～41.5℃），有传染性，皮肤干裂、坏死和溃疡。用酶联免疫吸附（EIISA）试验呈阳性。

4. 菜籽饼中毒与无浆体病的鉴别诊断

[**相似点**] 菜籽饼中毒与无浆体病均有精神沉郁，黏膜苍白，黄疸，腹泻等症状。

[**不同点**] 无浆体病有传染性，体温高（40～41.5℃），粪呈金黄色，眼睑、咽喉、颈部水肿，流涎，流泪。体表淋巴结肿大，血稀，红细胞每立方毫米 90 万～190 万，血检可见红细胞边缘有无浆体。

5. 菜籽饼中毒与产后血红蛋白尿的鉴别诊断

[**相似点**] 菜籽饼中毒与产后血红蛋白尿均体温正

常，可视黏膜黄疸，贫血，呼吸迫促，血红蛋白尿。

［**不同点**］产后血红蛋白尿常发生于产后2～4周，脱水，衰弱。

6. 菜籽饼中毒与铜中毒的鉴别诊断

［**相似点**］菜籽饼中毒与铜中毒均有厌食，沉郁，流涎，腹痛，腹泻，呼吸困难，黄疸，血红蛋白尿等症状。

［**不同点**］铜中毒未采食菜籽饼，因采食超量的含铜化合物而发病。急性粪色深绿，有急剧腹痛，惊厥麻痹。慢性中毒时，气喘，呼吸困难，休克。血检血铜升高。

【防制】

1. 预防措施

在饲用菜籽饼的地区，应在测定当地所产菜籽饼的毒性的基础上，严格掌握用量，并经过对少数家畜试喂表明安全后，才能供大群饲用，但对孕畜和幼畜最好不用。将菜籽饼脱毒。一是将菜籽饼经过发酵处理，以中和其有毒成分，约可去毒90％以上。二是浸泡、漂洗处理，将菜籽饼用温水或清水浸泡半天并漂洗数次，可使之减毒。三是坑埋，将菜籽饼用土埋入容积约1米^{3}的土坑内，经放置两个月后，据测定约可去毒99.8％。

2. 发病后措施

在发生中毒时，立即停喂，采用一些对症疗法，本病无特效疗法。

处方1：①为保护胃肠黏膜，促进毒物排出，可用滑石粉600克、苏打200克、甘草末250克，加水1次灌服，日服1次，连用3天。②强心利尿，改善血液循环，稀释毒素，提高肝脏解

毒机能，可用10%葡萄糖1500毫升、40%乌洛托品50毫升、10%安钠咖20毫升、维生素C 20毫升，1次静脉注射。体温偏低，末梢厥冷，脉不易触及时，可及时输入右旋糖酐500毫升，维护血浆胶体渗透压，改善末梢循环，输入液内加入重酒石酸肾上腺素6毫克，以升高血压，结合皮下注射阿托品15毫克，以兴奋呼吸中枢和其他生命中枢。

处方2：2%鞣酸溶液适量，洗胃，然后用牛奶、蛋清或面粉糊适量，内服。

处方3：甘草200～300克煎成汁，醋500～1000毫升，混合1次灌服。

处方4：牛的溶血性贫血型病例，应及早输血并补充铁剂，以尽快恢复血容量；若病牛为产后伴有低磷酸血症，则加用20%磷酸二氢钠注射液，或用含3%次磷酸钙的10%葡萄糖注射液，静脉注射，每天1次，连用3～4天。

三、食盐中毒

【病因】过量食用或饲喂不当（牛的一般中毒量为每千克体重1～2.2克）都可引起。如饲料或饮水中添加过量、供水不足或长期缺盐饲养的牛突然加喂食盐又未加限制、乳期的高产奶牛饲喂正常盐量、饲喂腌菜的废水或酱渣以及因料盐存放不当被牛偷食过量等均可引起中毒。

【临床症状】病牛精神沉郁，食欲减退，眼结膜充血，眼球外突，口干，饮欲增加，伴有腹泻、腹痛症状，运动失调，步态蹒跚。有的牛只还伴有神经症状，乱跑乱跳，做圆圈运动。严重者卧地不起，食欲废绝，呼吸困难，濒临死亡。

【类症鉴别】

1. 食盐中毒与自体中毒（肠阻塞、肠卡他继发症）的鉴别诊断

［**相似点**］食盐中毒与自体中毒均有口角、上下唇抽搐，点头，磨牙，眼结膜潮红，口干等症状。

［**不同点**］自体中毒多发生于肠阻塞或肠卡他病程中。

2. 食盐中毒与铅中毒（急性）的鉴别诊断

［**相似点**］食盐中毒与铅中毒（急性）均有步态不稳，头颈部肌肉震颤，磨牙，瞳孔散大，视力障碍，转圈等症状。

［**不同点**］铅中毒因吃铅化物或含铅废气污染的饲料而发病（一般食后12～24小时发病），狂躁爬槽，吼叫，惊厥而死。

3. 食盐中毒与青草搐搦的鉴别诊断

［**相似点**］食盐中毒与青草搐搦均有全身痉挛，牙关紧闭，磨牙，卧地四肢作游泳动作等症状。

［**不同点**］青草搐搦因吃了夏季雨后青草或元素不平衡的饲料而发病，尾肌、后肢强直性痉挛，对触诊和声音过敏。吼叫、盲目性奔跑，尿频。

4. 食盐中毒与蓖麻籽中毒的鉴别诊断

［**相似点**］食盐中毒与蓖麻籽中毒均有口唇、肌肉痉挛，运动失调，可视黏膜潮红发绀，尿少或无尿等症状。

［**不同点**］蓖麻籽中毒有吃蓖麻籽或蓖麻籽饼的病史。腹痛、腹泻，呼吸用力，病初体温升高，后期降至常温以下。孕牛流产。

【防制】

1. 预防措施

保证充分的饮水，特别对泌乳期的高产牛更要充分供给。喂给食盐时，应先从少量再到足量进行饲喂。对于临产母牛、泌乳期的高产牛，饲喂时应限制食盐的用量。料盐要注意保管存放，不要让牛接近，以防偷食。

2. 发病后措施

立即停喂食盐。本病无特效解毒药，治疗原则主要是促进食盐排出，恢复阳离子平衡，并对症治疗。

处方：恢复血液中阳离子平衡，可静脉注射10%葡萄糖酸钙200～400毫升。缓解脑水肿，可静脉注射甘露醇1000毫升。病牛出现神经症状时，用25%硫酸镁10～25克肌内注射，可静脉注射，以镇静解痉（以上是针对成年牛发病的药物使用剂量，犊牛酌减）。

四、尿素中毒

【病因】尿素用于秸秆氨化或加入日粮中作为氮源，在养牛业中已被广泛应用，并取得了良好效果。然而由于用量过大或使用方法不当而引起的中毒时有发生。

【临床症状】采食尿素后常在30～60分钟内发病，急性发作病例在数分钟至数小时内死亡。病程较长者，呈现不安，呻吟，肌肉震颤，步态不稳，呼吸困难，磨牙，口腔和鼻孔内流出泡沫样液体，瘤胃臌气，蹴腹。心跳加快，脉搏增数。后期全身痉挛，皮肤出汗，瞳孔散大，肛门松弛，眼睑反射消失，很快死亡。死后表现瘤胃极度臌气，尸体分解迅速，切开瘤胃可闻到刺鼻的氨味。

【类症鉴别】

1. 尿素中毒与有机磷农药中毒的鉴别诊断

［**相似点**］尿素中毒与有机磷农药中毒均有肌肉震颤，站立不稳，步态蹒跚，呼吸困难，流涎，绝食，呻吟，心跳加快等症状。

［**不同点**］有机磷农药中毒因采食或饮用有机磷农药污染的饲料或水，或用有机磷农药喷洒畜体灭虱而发病。眼球震颤、突出，瞳孔缩小，拉稀，胃内容物和呼出气有蒜、韭、胡椒气味，体温不高。

2. 尿素中毒与有机氯中毒的鉴别诊断

［**相似点**］尿素中毒与有机氯中毒均有肌肉抽搐，流涎，呼吸困难，沉郁，运步失调等症状。

［**不同点**］有机氯中毒因采食有机氯农药污染的饲料和水，或用有机氯农药喷洒畜体而发病。体温高（40～41℃），知觉过敏，面、颈部肌肉强直性痉挛，前肢、后肢痉挛反复发生。头抵墙槽，常易惊厥。

3. 尿素中毒与氟乙酰胺中毒的鉴别诊断

［**相似点**］尿素中毒与氟乙酰胺中毒均有沉郁，阵发性痉挛，心跳加快，知觉过敏（死前），呻吟，绝食，步态不稳等症状。

［**不同点**］氟乙酰胺中毒因采食氟乙酰胺污染的饲料或饮水而发病，并未接触尿素。牛瞳孔散大，痉挛常持续 9～18 小时，突然倒地狂叫，角弓反张，四肢痉挛、划动，衰竭死亡。

4. 尿素中毒与马铃薯中毒（重剧）的鉴别诊断

［**相似点**］尿素中毒与马铃薯中毒均有沉郁，步态不

稳，全身痉挛等症状。

［**不同点**］马铃薯中毒因采食腐败、发芽的马铃薯及其茎叶而发病。初狂躁直冲，继则后躯无力甚至麻痹，轻度中毒口黏膜肿胀流涎。有时腹泻带血，牛的口周围、肛门、尾根、四肢系部发生湿疹或水疱疹皮炎。

5. 尿素中毒与木贼中毒的鉴别诊断

［**相似点**］尿素中毒与木贼中毒均有阵发性痉挛强直、全身肌肉震颤，沉郁，步态不稳，出汗，心跳快，瞳孔散大等症状。

［**不同点**］木贼中毒因采食木贼科植物（问荆、木贼、节节草）后发病。病初狂暴无法控驭，眼结膜充血、黄染、跛行，后躯麻痹作犬坐姿势。慢性时消瘦、贫血。牛气喘咳嗽，拉稀，排淡红色尿。

【防制】

1. 预防措施

控制喂量，用尿素喂牛时一定要按饲喂程序由少到多添加，并严格执行添加剂量，不得任意增大添加量。搅拌均匀，添加入饲料中的尿素，一定要与饲料搅拌均匀后喂给，以防搅拌不匀，个别牛食入尿素过多而发生中毒。犊牛不用，犊牛饲料中不宜添加尿素，以防发生中毒。

2. 发病后措施

处方 1：①面粉浆 3000 毫升、食醋 4000 毫升、白糖 300 克，混匀一次灌服，4 小时后可再使用 1 次。②以 18# 长针头瘤胃穿刺放气。

处方 2：①药用炭 100～200 克、食醋 4000 毫升，混匀一次灌服。②液体石蜡 1500～2000 毫升，服用药用炭 4 小时后，灌服。③5%葡萄糖注射液 2000～5000 毫升、10%维生素 C 注射液 60～80 毫升，静脉注射，1～2 次/天，连用 2～3 天。

五、棉籽和棉籽饼中毒

棉籽含有棉酚、二氨基棉酚、6-甲氧基棉酚、6,6-二甲氧基棉酚、棉紫素、棉黄素、棉蓝素和棉绿素等毒素。用棉籽或棉籽饼长期或大量作为牲畜饲料，即可引起中毒。

【病因】 用未经热加工的棉籽或棉籽饼每日喂 2 千克以上，或持续饲喂几个月，即易引起中毒。棉籽被嚼碎及棉籽饼中含有未粉碎的棉籽壳，因其具有大小不等的棱角，入瘤胃、网胃、瓣胃、皱胃及肠后，能刺激黏膜发生炎症。维生素 A 及铁、钙的缺乏，可促进中毒的发生或使病情加重。幼犊也可能从乳中摄入棉酚而中毒。

【临床症状】 成年牛急性初现瘤胃积食，并有腹痛和便秘，粪球干小，后期腹泻，脱水和酸中毒。严重时精神沉郁，行动困难，步态蹒跚，抽搐。慢性时干眼和夜盲；犊牛食欲下降，腹泻，黄疸，目盲。重症有佝偻病。

【病理变化】 急性，组织广泛充血、水肿，胸腹腔有淡红透明渗出液，胃、肠有出血性炎，肝肿大，胆囊肿大有出血性炎。脾肿大，切面结构模糊，脾髓流出。肺气肿、充血、水肿。犊黏膜出血性炎，喉弥漫性出血，心内、外膜有出血点，心肌炎。肾实质有点状出血，膀胱炎最严重。水牛肾盂、膀胱有结石。慢性有胃肠炎。

【类症鉴别】

1. 棉籽和棉籽饼中毒与瘤胃积食的鉴别诊断

［**相似点**］棉籽和棉籽饼中毒与瘤胃积食均有瘤胃积

食多，按压坚硬，食欲、反刍减少或废绝等症状。

［**不同点**］瘤胃积食不因喂棉籽或棉籽饼而发病。后期无腹泻、干眼、夜盲症状。

2. 棉籽和棉籽饼中毒与前胃弛缓的鉴别诊断

［**相似点**］棉籽和棉籽饼中毒与前胃弛缓均有吃草、反刍减少或废绝，瘤胃蠕动减弱，粪有时干有时稀，磨牙等症状。

［**不同点**］前胃弛缓没有大量或长期喂棉籽或棉籽饼，瘤胃积食程度较轻，不太硬，多呈捏粉样或柔软，不出现干眼、夜盲。

3. 棉籽和棉籽饼中毒与夹竹桃中毒的鉴别诊断

［**相似点**］棉籽和棉籽饼中毒与夹竹桃中毒均有食欲、反刍停止，瘤胃蠕动减弱或停止，腹痛拉稀等症状。

［**不同点**］夹竹桃中毒因采食了夹竹桃而发病。粪便有黏液、血液，心动迺缓，出现二联、三联脉，呼吸困难，肺上部呼吸音粗。

4. 棉籽和棉籽饼中毒与牛蕨中毒的鉴别诊断

［**相似点**］棉籽和棉籽饼中毒与牛蕨中毒均有吃草、反刍减少或停止，瘤胃蠕动减弱，腹痛，粪先干后稀等症状。

［**不同点**］牛蕨中毒因采食蕨发病，体温突然升高（40～41℃），排粪阵发努责，挤出血色糊状粪，严重时有红黄色黏液，有时有凝血块、血尿。

5. 棉籽和棉籽饼中毒与马铃薯中毒的鉴别诊断

［**相似点**］棉籽和棉籽饼中毒与马铃薯中毒吃草、反刍减少或废绝，便秘，有时腹泻。

［**不同点**］马铃薯中毒因采食发芽或腐烂、暴晒的马铃薯或茎叶而发病。口黏膜肿胀流涎。口周围、肛门、四肢系部、乳房发生湿疹或水疱性皮炎。

【防制】

1. 预防措施

如用棉籽或棉籽饼作饲料，不能长期或大量喂，喂1个月停1个月，在喂前应煮1小时（煮时加10%大麦粉去毒效果好），或用2.5%硫酸亚铁液浸泡4～6小时，或用2.5%碳酸氢钠水或2.5%～3%草木炭水浸泡24小时，再用清水冲洗3遍即可去毒。

2. 发病后措施

处方：①用1%温盐水或3%碳酸氢钠水，或1∶(3000～4000)高锰酸钾水洗胃或灌肠。②肠内容物多时，用液体石蜡500毫升加1%盐水3000～4000毫升、鱼石脂30克灌服。③如已发生胃肠炎，用磺胺脒30～40克、硅炭银40～80克（或活性炭100～150克）一次导服，也可加服硫酸亚铁7～15克。④25%葡萄糖500～1000毫升、10%安钠咖30毫升、5%氯化钙100毫升，静脉注射。⑤用25%维生素C 6～8毫升肌内注射，每天1次。⑥维生素AD注射液（1毫升含维生素A 50000国际单位，维生素D 5000国际单位）5～10毫升肌内注射，犊2～4毫升肌内注射。或鱼肝油丸（每丸含维生素A 10000国际单位，维生素D 1000国际单位）10～20丸内服，每天1次。

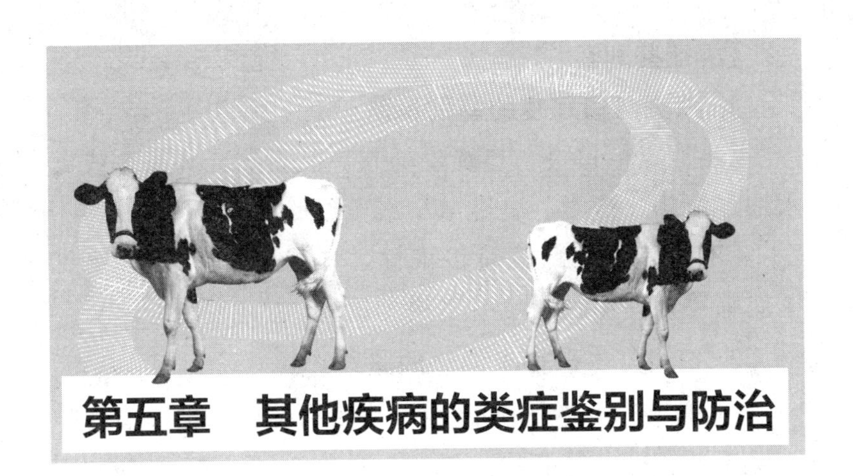

第五章　其他疾病的类症鉴别与防治

一、口炎

口炎是口腔黏膜、齿龈、舌发生炎症，按性质分为卡他性、水疱性、溃疡性、蜂窠织性。病畜均有采食、咀嚼障碍和流涎症状。

【病因】粗硬饲料、牙齿磨灭不整、麦芒等刺激；灌服或误吃松节油、氨水（人工盐与氯化铵同时调服亦产氨）、福尔马林等；传染病如牛恶性卡他、水疱病、口蹄疫、牛瘟等也有口炎；使用口衔、开口器不当，引起口腔损伤而发炎。有的因齿脱落或其他原因而生肿瘤。

【临床症状】口腔黏膜潮红充血、肿胀，严重的黏膜表层剥脱，或发生大小不等的溃疡，疡面覆有白色或微黄色纤维素。也有的黏膜起水疱，疱中有麦芒或麦芒扎于舌下和齿缝。有的上臼齿外侧、下臼齿内侧缘特别尖锐，损伤颊部黏膜和舌边缘。一般都流涎、不愿吃草（牛还反刍减少或停止）。如有感染，则黏膜肿胀、溃烂，有恶臭，体温可上升1℃。有时可视黏膜有肿瘤。

【类症鉴别】

1. 口炎与口蹄疫的鉴别诊断

［相似点］口炎与口蹄疫均有口黏膜潮红肿胀，或有水疱、溃疡、流涎、食欲减少或废绝等症状。

［不同点］口蹄疫有传染性，体温 40～41℃，仅见于偶蹄兽，蹄部趾间也有水疱和溃疡。

2. 口炎与牛恶性卡他热的鉴别诊断

［相似点］口炎与牛恶性卡他热均有口腔黏膜潮红肿胀、流涎、拒食等症状。

［不同点］牛恶性卡他热有传染性，体温 41℃左右，眼睑、头部肿胀，眼、鼻有分泌物，拉稀。

3. 口炎与牛狂犬病的鉴别诊断

［相似点］口炎与牛狂犬病均有流涎、拒食等症状。

［不同点］牛狂犬病有传染性，体温 40℃或以上，口黏膜不红肿，不断哞哞吼叫直至声音嘶哑，阵发腹痛并排黑软粪，且视力障碍。

4. 口炎与咽炎的鉴别诊断

［相似点］口炎与咽炎均有流涎、拒食等症状。

［不同点］咽炎的咽部敏感，鼻孔也流黏液和泡沫，饮水时有水从鼻孔流出。

5. 口炎与食道炎的鉴别诊断

［相似点］口炎与食道炎均有流涎、拒食等症状。

［不同点］食道炎颈静脉沟处常可见食管充盈而有波动，低头鼻流涎液，导管探入食道感有阻力，但稍用力即可通过。

6. 口炎与有机磷中毒的鉴别诊断

[**相似点**] 口炎与有机磷中毒均有流涎、拒食等症状。

[**不同点**] 有机磷中毒因误食有机磷污染的饲草、饲料而发病。瞳孔缩小，腹痛，黏膜苍白，呼吸困难，全身颤抖、抽搐。

7. 口炎与牛蓝舌病的鉴别诊断

[**相似点**] 口炎与牛蓝舌病均有颊黏膜糜烂，流涎，厌食，吞咽困难，口臭等症状。

[**不同点**] 牛蓝舌病有传染性，体温 41℃，有蹄叶炎、跛行，孕牛流产。

8. 口炎与牛病毒性腹泻——黏膜病的鉴别诊断

[**相似点**] 口炎与牛病毒性腹泻——黏膜病均有口黏膜有糜烂，流涎多等症状。

[**不同点**] 牛病毒性腹泻——黏膜病有传染性，体温 40～42℃，鼻眼有分泌物，腹泻。

9. 口炎与牛瘟的鉴别诊断

[**相似点**] 口炎与牛瘟均有口黏膜潮红、流涎、食减、反刍迟缓或停止等症状。

[**不同点**] 牛瘟有传染性，体温 40～41℃，眼睑肿胀，眼结膜潮红，流泪先水样后脓性，并有假膜，鼻流黏脓性液。

【防制】

1. 预防措施

注意饲养管理，合理配料，防止误吃有毒植物和化学物质，避免应用有刺激性的药物直接口服。

2. 发病后措施

对已发生口炎的病畜，首先应消除病因，并作消炎收敛对症治疗。如臼齿内、外侧形成尖锐的齿锋，先用牙钳或齿刨去尖，再用齿锉磨平。用止血钳拔去麦芒异物，如豆大水疱内有麦芒，则切开取出麦芒，用高锰酸钾液冲洗。如口腔有肿瘤，用粗丝线浸蘸碘酒后在肿瘤的基部用双套结勒紧结扎，隔日再结扎 1 次，连续 3 次后肿瘤即脱落。

处方 1：一般性口炎，用 0.3%高锰酸钾液冲洗。

处方 2：黏膜有损伤，用高锰酸钾冲洗后，再用稀碘液（碘片 1 克、碘化钾 2 克，凉开水 200 毫升，用时现配）5～10 毫升倒入口中，每天 2～4 次。

处方 3：糜烂严重，用高锰酸钾液冲洗后，用硝酸银棒涂布再用生理盐水冲洗。或用秋葵叶粉（又名黄蜀葵或鸡爪葵）撒布疡面。

处方 4：不能饮水而流涎又多，用含糖盐水 2000～4000 毫升、50%葡萄糖 250 毫升、10%樟脑碳酸钠 20 毫升、25%维生素 C 4～6 毫升静脉注射。

二、食管梗塞

食管梗塞因牲畜抢食体积稍大的食物时未咀嚼而吞咽，致阻塞于食管某一部位而发病，是一种常见病。

【病因】 浸泡的豆饼中有大块未碎，被家畜吞食易在食管每一部位卡住而阻塞；当在地里收获红薯、马铃薯、胡萝卜时，如家畜摄入口中突遭鞭策而不嚼即吞，即易卡于食管，有时卡于咽头。

【临床症状】 鼻、口流涎，虽想吃草喝水，但仅吃几

根草或喝几口水即停止。如喝水多可由鼻孔流出，头颈伸直状，精神抑郁，低头即由鼻孔流出液体。如梗塞物在咽部（食管憩室），从咽部按捏，可触到硬固物。用开口器开张口腔，手伸至咽部即可触及梗塞物。如梗塞在颈部食管，可循颈静脉沟摸到硬固物，其前部食管充满液体。如梗塞在胸部食管，则在颈静脉沟可摸到充满液体而有波动的食管。若用导管向胃部伸入，导管受阻之处即为阻塞物所在部位。导管通过咽部后即有大量黏液流出。患食管梗塞后还并发瘤胃臌胀及呼吸困难。

【类症鉴别】

1. 食管梗塞与咽炎的鉴别诊断

［**相似点**］食管梗塞与咽炎口流涎，有时鼻也流涎，喝水能从鼻孔流出，头颈伸直。

［**不同点**］咽炎缓慢和少量喝水时鼻不流水，咽部肿胀敏感，食管无积液波动。食管梗塞，食管中有大量液体，触摸有波动。导管伸向胃时受阻的部位即梗塞物所在部位。并发瘤胃臌胀。

2. 食管梗塞与喉囊炎肿的鉴别诊断

［**相似点**］食管梗塞与喉囊炎肿均有流涎，有时头颈伸直等症状。

［**不同点**］喉囊炎肿的喉部有肿胀热肿，呼吸困难，呼吸有鼾声，喝水鼻不流涎。

3. 食管梗塞与继发性胃扩张的鉴别诊断

［**相似点**］食管梗塞与继发性胃扩张均有口鼻流液体，头颈伸直，低头流出液体多些等症状。

［**不同点**］继发性胃扩张的鼻孔流出液体稍有酸臭，

并有草沫，同时出现疝痛症状，并具有十二指肠、回肠阻塞，肠套叠或肠缠结的固有症状。

4. 食管梗塞与食管炎的鉴别诊断

［**相似点**］食管梗塞与食管炎均有口鼻流涎，吃草吞咽困难，大口喝水从鼻流出等症状。

［**不同点**］食管炎的咽、食管内无硬块，用导管探诊排出食管积液后灌水能入胃，至炎症处即阻管进入，但稍用力即可通过。

5. 食管梗塞与破伤风的鉴别诊断

［**相似点**］食管梗塞与破伤风均有头颈伸直，口腔潴留大量唾液，嘴张开时流涎等症状。

［**不同点**］破伤风两耳直立，牙关紧闭，四肢强直如木马。

【防制】

1. 预防措施

平时喂畜定时定量，若因故推迟喂饲，为防止饥畜猛吞，先少量喂饲，避免不经咀嚼即大口吞咽。如用块根、块茎作饲料应切碎。在收获红薯、马铃薯、胡萝卜使役时，应戴笼嘴，防止偷食猛吞而发生梗塞。

2. 发病后措施

发现病畜时，应先探明梗塞部位并迅速予以排除。对牛还应瘤胃放气，避免排除梗塞延时而发生危险。

（1）若梗塞物（如红薯、大豆饼块）在咽部，用开口器张开口，助手用手在梗塞物后下方紧捏食管并轻轻向上向前推送，术者同时伸手入口，用手指捏卡住梗塞物缓缓向外移动，一般可顺利取出。

（2）如阻塞物卡于食管的某一部位，可先用导管探测并排出潴留液，若导管不能将梗塞物向胃推动时，用液体石蜡30毫升、2%普鲁卡因20毫升注入，拔出导管1～2小时后再用导管推送阻塞物1次，如仍不能移动，再次放出积液并按上方投药，实践中有经十几小时第3次才排除梗塞的（推送时不可用猛力而使食管破裂）。

（3）若梗塞物在颈部食管，不易推送，可用手术疗法。

① 将患畜横卧保定，梗塞部位剪毛消毒，局部麻醉。

② 将皮肤提起循食管方向切开，小心分离皮下组织，露出食管梗塞部。并垫纱布。

③ 在梗塞物的前部或后部切开食管，小心将梗塞物移向切口取出（不能在梗塞部位切）。

④ 冲洗后，用肠线将黏膜肌层连续缝合，撒布青霉素粉，再缝肌层浆膜。

⑤ 缝好食管后，结节缝合皮肤，撒碘仿。

⑥ 每12小时肌内注射青霉素、链霉素。

⑦ 术后不能将患畜拴于木桩上（防啃食），3天不给饮水，绝食1周，3天后可给1%盐开水，每次500毫升，但只能小口舐饮，大量饮水将可能由刀口流出。

（4）牛继发瘤胃臌胀时，用16号针头或小套管针放气，为防止梗塞物不能消除而再次臌胀，用松节油70毫升和液体石蜡200毫升注入瘤胃。

三、前胃弛缓

前胃弛缓是以前胃兴奋性降低，收缩力减弱，消化机能障碍为特征的内科疾病。临床上以食欲减退、前胃蠕动减少或停止、反刍和嗳气减少等为特征。

【病因】原发性病因主要见于饲养管理不当。如长期采食麦糠、半干的甘薯藤、豆秸等富含粗纤维而不易消化的粗饲料，或饲喂发酵、腐烂、变质的青草、青储饲料或酒糟、豆渣等品质不良的饲料，或饲料单纯、调制不当以及饲喂过热或冰冻饲料，饲喂大量的豆谷和尿素等。此外，由放牧迅速转变为舍饲，维生素和矿物质缺乏，冬季厩舍阴暗湿冷，长期缺乏光照，车船运输，甚至经常更换饲养员等因素，都会破坏前胃的正常消化反射，从而导致前胃机能紊乱。

继发性病因常见于瘤胃积食和臌气、创伤性网胃炎、瓣胃阻塞。此外，许多传染病（如结核病、布鲁菌病等）、寄生虫病（如肝片吸虫病、血孢子虫病等）、代谢性疾病（如酮病、骨软症等），也可造成前胃弛缓。

【临床症状】病牛表现精神沉郁，食欲减退，反刍、嗳气减弱，磨牙，有时呈现轻度臌气，瘤胃蠕动次数减少，力量减弱。胃内有时充满粥样或半液状内容物，触诊瘤胃较软。病初排粪迟滞甚至便秘，粪便干硬色暗，继之发生腹泻，有时夹杂有未完全消化的饲料，其后便秘与腹泻交替发生。随着病情的发展，病牛日渐消瘦，毛焦膁吊，四肢浮肿，行动困难，一般较少发生死亡。

【类症鉴别】

1. 前胃弛缓与瘤胃积食的鉴别诊断

［**相似点**］前胃弛缓与瘤胃积食均有吃草、反刍减少或废绝，瘤胃蠕动弱，磨牙，体温无变化等症状。

［**不同点**］瘤胃积食的瘤胃膨满坚硬，呼吸增数。

2. 前胃弛缓与瘤胃臌胀的鉴别诊断

［**相似点**］前胃弛缓与瘤胃臌胀吃草、反刍减少或废绝，瘤胃蠕动弱甚至无蠕动音，体温不高。

［**不同点**］瘤胃臌胀左肷臌凸，甚至高过脊背，叩之鼓音，烦躁不安，眼结膜充血，呼吸迫促。

3. 前胃弛缓与创伤性网胃炎的鉴别诊断

［**相似点**］前胃弛缓与创伤性网胃炎均有吃草反刍减少或废绝，瘤胃蠕动减弱等症状。

［**不同点**］创伤性网胃炎在喝冷水时出现肘后至肩部被毛逆立，卧时小心，常先前肢跪下，后躯左右移动，最后才小心卧下，用脚下踢剑状软骨部有疼痛反应。

4. 前胃弛缓与瓣胃阻塞或扩大的鉴别诊断

［**相似点**］前胃弛缓与瓣胃阻塞或扩大均有吃草反刍减少或废绝，瘤胃蠕动减弱，粪便减少等症状。

［**不同点**］瓣胃阻塞或扩大病初有疝痛，瘤胃反复发生臌气，在最后肋骨弓上缘向前向里触摸可触到球形硬块。

5. 前胃弛缓与皱胃阻塞的鉴别诊断

［**相似点**］前胃弛缓与皱胃阻塞均有吃草、反刍减少或废绝，腹围膨大，瘤胃柔软、蠕动减弱或废绝等症状。

［**不同点**］皱胃阻塞在右腹侧自软肋下方至膝襞处可摸到硬块，而左腹侧对等部则无硬块，直检掌心摸瘤胃时，手背可触到硬块，所排干、稀粪均呈黑色。

6. 前胃弛缓与牛肠阻塞的鉴别诊断

［**相似点**］前胃弛缓与牛肠阻塞均有吃草、反刍减少或废绝，瘤胃柔软、蠕动音弱或无等症状。

［**不同点**］牛肠阻塞右腹膨大，用拳搡腹壁有晃水音，病初有疝痛，不排粪而排白色胶胨样黏液。

7. 前胃弛缓与创伤性心包炎的鉴别诊断

［**相似点**］前胃弛缓与创伤性心包炎均有吃草反刍减少或废绝，瘤胃蠕动音弱或无等症状。

［**不同点**］创伤性心包炎久站不愿卧下，卧时前肢先下跪，后躯踌躇、左右移动而后才卧下，心区叩诊敏感，听诊有拍水音。

8. 前胃弛缓与牛酮病的鉴别诊断

［**相似点**］前胃弛缓与牛酮病均有吃草反刍减少或废绝，瘤胃柔软、蠕动音弱或无，好卧懒动等症状。

［**不同点**］牛酮血病多发于奶牛，且多发于产后，奶、尿、呼气有酮气味，酮粉检验奶或尿阳性。

9. 前胃弛缓与牛瘤胃酸中毒的鉴别诊断

［**相似点**］前胃弛缓与牛瘤胃酸中毒均有吃草、反刍减少或废绝，瘤胃柔软、蠕动音弱或无等症状。

［**不同点**］牛瘤胃酸中毒是因采食含碳水化合物饲料过多而发病的。体温偏高，呼吸、心跳增数，眼结膜潮红，走路蹒跚，重时不能起立，瘤胃内容物 pH 在 6 以下，尿 pH 在 7 以下。

【防制】

1. 预防措施

平时应加强对牛群的饲养管理，不喂粗硬而难以消化的豆秸，不得长期饲喂豆渣、糖渣、酒糟；粗饲料应去除树枝等，并以铡刀铡短；喂给前应以大孔径筛筛除粗饲料中的泥沙和石子等杂物。

2. 发病后措施

处方 1：①10%氯化钠注射液 250～500 毫升、葡萄糖生理盐水注射液 1500～2500 毫升、10%樟脑磺酸钠注射液 20～30 毫升，静脉注射，1 次/天，连用 3～5 天。②健胃散 300～500 克/头，温水调灌服，1 次/天，连用 3～5 天。

处方 2：①10%氯化钠注射液 250～500 毫升、10%葡萄糖注射液 1500～2500 毫升、10%樟脑磺酸钠注射液 20～30 毫升，静脉注射，1 次/天，连用 3～5 天。②平胃散 300～400 克/头，温水调灌服，1 次/天，连用 3～5 天。③复合维生素注射液 20～30 毫升/头，1 次/天，连用 3～5 天。

四、瘤胃积食

瘤胃积食又称急性瘤胃扩张，是由于瘤胃内积滞过多食物，使瘤胃容积增大引起的，是以瘤胃运动和消化机能障碍为特征的消化系统疾病。

【病因】原发性病因主要见于一次采食大量麦草、谷草、稻草、豆秸、花生藤、马铃薯藤、甘薯藤等难消化的饲料，或一次饲喂、偷食大量豆谷，或突然更换饲料，由粗料换为精料，由劣草换为良草时等，均可因过食而致病。继发性病因见于前胃弛缓、瓣胃阻塞、创伤性网胃腹膜炎等。

【临床症状】患牛左腹部显著膨大，触压坚实或呈面团样，叩诊呈浊音。食欲废绝，反刍停止，嗳气减少或停止。背腰拱起，回头顾腹，磨牙，呻吟，后肢踢腹，站立不安，起卧不宁。鼻镜干燥，瘤胃蠕动音减弱或消失。粪便干黑难下，有的排出带有血液、黏液和饲料颗粒的黑色恶臭粪便。严重者出现呼吸促迫，心跳加快，眼结膜发绀，但体温正常。

由过食豆谷所引起的瘤胃积食，除上述症状外，还可出现严重的脱水和酸中毒。病牛眼球凹陷，视力障碍，盲目直行或转圈，重者出现狂躁不安，头抵墙壁或攻击人畜，或肌肉震颤，站立不稳，步态蹒跚，卧地不起，昏迷。

【类症鉴别】

1. 瘤胃积食与前胃弛缓的鉴别诊断

［**相似点**］瘤胃积食与前胃弛缓均有吃草反刍减少或废绝，瘤胃蠕动音弱等症状。

［**不同点**］前胃弛缓的瘤胃不饱满坚硬。

2. 瘤胃积食与瘤胃臌胀的鉴别诊断

［**相似点**］瘤胃积食与瘤胃臌胀均有瘤胃饱满，呼吸增数，烦躁不安，吃草、反刍减少或废绝等症状。

［**不同点**］瘤胃臌胀有时高过背脊，叩之呈鼓音。针刺瘤胃放出气体。

3. 瘤胃积食与创伤性网胃炎的鉴别诊断

［**相似点**］瘤胃积食与创伤性网胃炎均有吃草、反刍减少或废绝，不想卧倒，磨牙等症状。

［**不同点**］创伤性网胃炎的剑状软骨部位叩诊疼痛，卧时前肢下跪，后躯左右移动多次才卧下，走下坡路显痛苦状。

4. 瘤胃积食与瓣胃阻塞（扩大）的鉴别诊断

［**相似点**］瘤胃积食与瓣胃阻塞均有腹围增大，左肷稍膨大，吃草、反刍减少或废绝，有疝痛，粪干少等症状。

［**不同点**］瓣胃阻塞在右腹最后肋弓上缘向里向前按压可触到圆球状硬块，触诊瘤胃无饱满坚硬感。

5. 瘤胃积食与黑斑病红薯中毒的鉴别诊断

［**相似点**］瘤胃积食与黑斑病红薯中毒均有吃草、反刍废绝，瘤胃饱满，腹围大，呼吸增数等症状。

［**不同点**］黑斑病红薯中毒是因吃黑斑病红薯而发病的，瘤胃虽饱满，但按压不坚硬。胸围膨大，有时颈背部出现皮下气肿。

【防制】

1. 预防措施

加强饲养管理，定时定量供给配合饲料，可有效防止过食。

2. 发病后措施

以消除积滞、兴奋瘤胃蠕动为原则，同时根据病情采取补液、强心和纠正酸中毒等对症发病后措施。

处方 1：①以温水反复洗胃，排出过多的瘤胃内容物。②硫酸镁 500～800 克加水适量配成 5%溶液、植物油 500～1000 毫升，一次灌服。③10%氯化钠注射液 250～500 毫升、10%樟脑磺酸钠注射液 20～30 毫升，静脉注射，1～2 次/天，连用 2～3 天。

处方 2：①以温水反复洗胃，排出过多的瘤胃内容物。②硫酸镁 500～800 克加水适量配成 5%溶液、植物油 500～1000 毫升，一次灌服。③甲硫酸新斯的明 8～20 毫升/头，肌内注射，2 小时后重复 1 次。④葡萄糖生理盐水注射液 2500～3500 毫升、地塞米松磷酸钠注射液 20 毫克/千克体重、5%维生素 C 注射液 20～60 毫升、10%樟脑磺酸钠注射液 20～30 毫升、5%碳酸氢钠注射液 300～500 毫升，静脉注射，2 次/天，连用 3～5 天。

处方 3：①10%氯化钠注射液 500 毫升、葡萄糖生理盐水注射液 2500～3500 毫升、地塞米松磷酸钠注射液 20 毫克/千克体重、5%维生素 C 注射液 20～60 毫升、10%樟脑磺酸钠注射液20～30毫升、5%碳酸氢钠注射液300～500毫升，静脉注射，2次/天，连用2～3天。②大承气散300克，温水调灌服，1次/天，连用2～3天。

五、瘤胃臌气

瘤胃臌气是瘤胃内容物急剧异常发酵产气，牛对气体的排出发生障碍，致使胃壁急剧扩张的内科病。临床上以腹围急剧膨大、反刍和嗳气障碍以及高度呼吸困难为特征。

【病因】 原发性瘤胃臌气主要是采食大量易发酵的新鲜、肥嫩多汁的豆科牧草、豆科种实、作物幼苗、沾有露水或雨水的青草所致的。此外，采食雨后的青草，或经霜、露、冰冻过的牧草，发霉腐烂的牧草等，也可引起瘤胃臌气。

继发性瘤胃臌气多见于食管梗阻、前胃弛缓、创伤性网胃腹膜炎、瓣胃阻塞等。

【临床症状】 左腹部急剧增大，常高出脊背，病牛腹痛不安，不断回头望腹，摇尾，后肢踢腹，频频起卧。叩击瘤胃紧张，而发出击鼓音。食欲、反刍和嗳气完全停止，瘤胃蠕动减弱甚至消失。呼吸高度困难，前肢张开，头颈伸直，张口伸舌，口中流出大量混有泡沫的口涎。可视黏膜发绀，体表静脉怒张，心跳快而弱。体温一般无变化。病至末期，共济运动失调，站立不稳，不断呻吟。病程进展迅速，常于1～2小时内，因窒息和心脏衰竭而死。

【胃管探诊】 胃管探诊可区别原发性瘤胃臌气和继发

性瘤胃臌气，以及泡沫性臌气和非泡沫性臌气。如插入胃管后，很快排出大量气体，瘤胃臌气症状随之消除，则为原发性非泡沫性臌气；如气体很难排出，只有抽出含有泡沫的液体，症状才会消除，则为泡沫性臌气；如胃管不能通过食管，则为食管梗塞引起；若胃管插入胃中有气体排出，但除去胃管后又有气体产生，则为继发性瘤胃臌气。

【类症鉴别】

1. 瘤胃臌气与黑斑病红薯中毒的鉴别诊断

［**相似点**］瘤胃臌气与黑斑病红薯中毒均有瘤胃稍膨满，呼吸增数、困难，张口伸舌，只能站立不肯卧下等症状。

［**不同点**］黑斑病红薯中毒是因采食有黑斑病的红薯及其粉渣而发病的，肺有啰音、破裂音，胸围膨大，后期颈、肩、背部皮下有气肿。

2. 瘤胃臌气与食道梗塞的鉴别诊断

［**相似点**］瘤胃臌气与食道梗塞均有瘤胃臌满，叩之呈鼓音，呼吸困难，头颈伸直，不安，不愿卧下等症状。

［**不同点**］食道梗塞口鼻流涎，插导管时有梗塞不能入瘤胃，有黏液流出。食管可在颈静脉沟摸到梗塞物，梗塞物前方食管膨大而柔软。

3. 瘤胃臌气与氢氰酸中毒的鉴别诊断

［**相似点**］瘤胃臌气与氢氰酸中毒均有瘤胃臌胀，呼吸困难，吃草反刍废绝等症状。

［**不同点**］氢氰酸中毒是因采食鲜的或再生的高粱和玉米苗而发病的，发病很急，可视黏膜鲜红色，呼出气

有杏仁气，口流白色泡沫，肌肉痉挛。

4. 瘤胃臌气与毒芹中毒的鉴别诊断

[**相似点**] 瘤胃臌气与毒芹中毒均有食欲反刍停止，瘤胃膨气，腹痛不安等症状。

[**不同点**] 毒芹中毒是因吃毒芹而发病的。流涎，由头至全身出现阵发性强直性痉挛，突然倒地，头颈后仰，牙关紧闭，体温升高，瞳孔散大。后期体温下降。

【防制】

1. 预防措施

平时应注意青、干草的合理搭配，不得一次大量投给豆科牧草、作物幼苗、沾有露水或雨水的青草等；精料不单一喂给，应多样化，并定量供给，并防止脱缰偷食豆类、玉米、块根植物的根茎等。

2. 发病后措施

治疗原则是迅速排除瘤胃内气体和制止瘤胃内容物发酵。

处方 1：①有窒息危险时，可以 18# 长针头进行瘤胃穿刺放气，以防窒息死亡。②乳酸 15～20 毫升、温水 500～1000 毫升，石蜡油 500～1000 毫升，放气后一次注入瘤胃。③甲硫酸新斯的明 8～20 毫升/头，肌内注射，2 小时后重复 1 次。

处方 2：①二甲硅油片 3～5 克/头、50%酒精 100 毫升、温水 1000 毫升，1 次灌服，如必要时，4 小时后可重复使用 1 次。②以椿树嫩枝沾上 10%鱼石脂少许，两端用绳索扎紧，系于牛口中，使其不停咀嚼，直至臌气消除。③瘤胃臌气消除后，健胃散 300～500 克/头，温水调灌服，1 次/天，连用 2～3 天。

六、创伤性网胃炎

创伤性网胃炎（创伤性网胃腹膜炎）是因牛采食时

摄入的铁丝、铁钉、针尖刺入网胃壁而发生炎症的疾病，如穿透胃壁将引起腹膜炎。

【病因】 在畜舍做针线后将针遗失于草料或食槽中；门窗玻璃碎片掉入食槽；在草垛或在畜舍修理工具，致铁钉、铁丝遗于草料中。

【临床症状】 一般体温稍升高（39～40.5℃），心跳增数，呼吸无异常。食欲减退，反刍减少，严重时废绝，有时饮凉水时肘部肌肉颤抖，可见被毛自肘、肋到鬐甲逐渐逆立。在30～60分钟颤抖停止后被毛又自动顺倒。站立时肘头外展，不愿卧倒，当想卧倒时常先跪前肢，后躯忽左忽右反复缓慢移动，而后缓慢小心卧下，有时又突然站立，再次重复动作才卧。也有的经治疗恢复反刍，又出现前肢跪后躯左右移动幅度达180°。在牵引运动时上坡较轻松而下坡则显小心痛苦。在左肋部用脚尖踢牛骨部位有疼痛反应。引起腹膜炎时有腹水，用拳搡之有晃水音。

【病理变化】 网胃壁增厚甚至将针包埋于肌层中，有的网胃有直径3厘米的大孔，使网胃、膈、瓣胃、瘤胃粘连成一个大盲囊。一般网胃在刺伤部与毗邻的脏器和腹膜有粘连。

【类症鉴别】

1. 创伤性网胃炎与创伤性心包炎的鉴别诊断

［**相似点**］创伤性网胃炎与创伤性心包炎吃草反刍减少或废绝，卧时小心移动几次才卧下，肘外展，金属探测仪检验有反应。

［**不同点**］创伤性心包炎叩诊心区敏感，听心跳有拍

水音，颌下、垂皮有水肿。创伤性网胃炎用脚尖踢剑状软骨部位有疼痛反应。

2. 创伤性网胃炎与前胃弛缓的鉴别诊断

［**相似点**］创伤性网胃炎与前胃弛缓均有吃草、反刍减少或废绝，精神不振等症状。

［**不同点**］前胃弛缓左肘不外展，剑状软骨部叩诊无疼痛反应，虽有久站不卧、久卧不站现象，但不出现前肢下跪后躯移动良久才卧下现象。

3. 创伤性网胃炎与牛肠阻塞的鉴别诊断

［**相似点**］创伤性网胃炎与牛肠阻塞均有吃草反刍减少或废绝，拳搡右肷有晃水音等症状。

［**不同点**］牛肠阻塞病初有腹痛，不排粪而排白色胶胨样黏液，叩诊剑状软骨部位无疼痛。

4. 创伤性网胃炎与皱胃溃疡的鉴别诊断

［**相似点**］创伤性网胃炎与皱胃溃疡均有吃草反刍减少或废绝、体温稍升高等症状。

［**不同点**］皱胃溃疡在右腹软肋后按压有痛感（剑状软骨处叩诊无痛感），粪不论干稀均为黑色。

【防制】

1. 预防措施

不要在有断铁丝、铁针、铁钉处放牧，舍饲时在拌草捧上拴一块磁铁以吸附铁器。

2. 发病后措施

本病治疗的困难在于金属探测仪虽能探知有金属存在，但不能确定是否刺入胃壁、是否穿透或仅是刺伤。如尖端向膈，可能继发创伤性心包炎；如刺向网胃、瓣

胃、瘤胃，因化脓而发生腹膜炎；如铁针或麻包针穿过腹壁而达皮下则易发生脓肿。利用磁铁可吸附网胃内铁器，对已刺入胃壁者很难奏效。

（1）用特制的磁附器从导管送入网胃，即可将进入网胃铁器吸附带出。再检验1次后，如探测仪已无反应说明铁器已不存在。

（2）如网胃有创伤或在创伤网胃炎初期，用磺胺嘧啶20～30克或磺胺甲基异噁唑（SMZ）20～30克、小苏打20～30克，一次服用，12小时1次，连服1周。或用10%磺胺嘧啶钠100毫升、10%葡萄糖500毫升、10%安钠咖30毫升，静脉注射，12小时1次，连用5～7天。

（3）用5%鞣酸（或五倍子）溶液100毫升，每天4～5次；同时用稀碘液（见口炎）10毫升，亦每天4～5次，交互倒入口中，任其吞咽，有利于网胃创伤的愈合。

（4）如金属探测仪反应阳性，而金属吸附器又吸不出，可用瘤胃切开术，取出一部分胃内容物后，从瘤胃伸手入网胃，搜到异物（包括非金属）后全部取出，已扎入胃壁的拔出。若扎得深不易拔出时，可根据术者指示的部位切一皮肤小口，依次切开腹肌、腹膜，配合术者一推一拔即可拔除。术者用消毒纱布按压十几分钟，再将地榆炭30克送至拔针处，然后缝合。

（5）如有腹水，在剑状软骨沿白线距右侧10厘米、离白线5厘米处用小套管针（先将皮肤切一小口）或用14号针头穿刺腹壁放腹水，放后注入油剂青霉素300万国际单位。

（6）如在网胃附近发生皮下脓肿，切开后必须用手指深入探索有无异物。

七、瓣胃阻塞（扩张）

瓣胃阻塞（扩张）是食糜在瓣胃停留较久，水分被吸入而干涸形成阻塞，病久容积增多而扩大。

【病因】原发性大多因舍饲运动不足、饮水不足，饲草含泥土未淘净等易使蠕动弛缓，而粗硬饲草刺伤瓣胃黏膜也易引起弛缓，导致食物积滞阻塞；凡能引起前胃弛缓及已患前胃弛缓时均可继发瓣胃阻塞。

【临床症状】

急性：发病较急，吃草、反刍停止，体温、呼吸、心跳无变化。有腹痛，起卧不安，回头顾腹，后肢前扒，卧后前肢蹬腿。用左手在右侧最后肋骨上方、腰椎横突下用力向里向前按压，可触及圆形大硬块。如病牛瘤胃内容物不多，且体质较瘦，由右侧肋软骨处向里向前按压可触及篮球大的硬块悬在腹腔中。在右侧倒数第 4、第 5 肋间与肩胛水平交叉点按压有疼痛，听诊蠕动弱或无蠕动。排粪少而粪球干小（表面深褐色，中央黄色），有时表面附有黄色黏液。

慢性：吃草反刍均减少，重时废绝，喝水少，瘤胃反复臌胀。体温、心跳、呼吸无变化，病久则低于常温，心跳也减少。机体易脱水（喝水因进入瘤胃而不易被机体吸收），粪球小而黑，泡小，在右腹侧可触及粪块。鼻镜龟裂。磨牙。

瓣胃扩张时，可比正常大几倍，包括积食可达 35～50 千克。在最后肋骨后缘即可触到留压痕的大圆球状

物。瘤胃因长期少吃，因而内容物少、柔软，致左肷凹陷，懒于行动。

【病理变化】瓣胃内容物干燥坚硬，形成纸版样压块，取时瓣页黏膜被剥离附于表面。如扩张时总重达 35～50 千克。

【类症鉴别】

1. 瓣胃阻塞（扩张）与前胃弛缓的鉴别诊断

［**相似点**］瓣胃阻塞（扩张）与前胃弛缓均有吃草、反刍减少或废绝，左肷下陷，瘤胃蠕动弱，磨牙等症状。

［**不同点**］前胃弛缓不出现鼻镜龟裂、瘤胃反复臌胀，在右腹侧最后肋弓上方、腰椎横突下方向里向下按压不能触及圆球形硬块。

2. 瓣胃阻塞（扩张）与皱胃阻塞（扩张）的鉴别诊断

［**相似点**］瓣胃阻塞（扩张）与皱胃阻塞（扩张）均有吃草、反刍减少或废绝，粪量少呈黑色球等症状。

［**不同点**］皱胃阻塞（扩张）所排粪球或稀粪均为黑色，掰开粪球内部亦为黑色。阻塞时软肋下方可触及硬块，如扩张则硬块在软肋后方至膝襞，直肠检查时手心向瘤胃，手背可触及硬块。

【防制】

1. 预防措施

饲草要淘净，饮水供应要充足，使牛适当运动。

2. 发病后措施

因泻药不易在瓣胃发生作用，用药不采取口服途径。

（1）在平地测定肩端至地面高度，以水平线移至倒数第 4、第 5 肘间，将瓣胃注射针头于倒数第 5 肋骨后缘先垂直刺入皮肤，而后针头对准对侧肘头缓慢向里深入，针入瓣胃感有阻力，针管在皮肤外留有3厘米即可（针座上套一橡胶管并用线结扎牢靠）。每次用50毫升金属注射器先吸液体石蜡20毫升，再吸取1%氯化钠液30毫升，用两个针管交互注射，共注入液体石蜡250毫升、盐水2000～4000毫升。

注射时先用瓶装生理盐水50毫升，注入一半左右时将活塞向后抽动，如水中见有草沫或黄浊色均证明针已在瓣胃，即可注入液体石蜡和盐水。注完后再用生理盐水注2次，而后屈折橡胶管抓住针座将针猛拔，再用碘酒消毒针眼。

（2）通过瘤胃切开术，适当取出一部分瘤胃内容物，术者将胃导管一端插入网瓣孔，稍捏网瓣孔周围，体外用漏斗注入，当有水从孔中返流时，松手变拳揉网胃，使水与网胃内容物充分混合稀释。当网胃内容物已柔软时，即可缝合瘤胃和腹壁。

如已1～2天或更多时间不吃草不反刍，可在瘤胃缝合前用1%温盐水注入瘤胃再虹吸出来，并加入食母生300～500片，以促使瘤胃恢复功能。

（3）为补充营养和解决脱水，用25%葡萄糖500毫升、含糖盐水3000毫升、25%维生素C 8～10毫升、樟脑磺酸钠20毫升，静脉注射。用0.2%士的宁8～10毫升，皮下注射，每天1次，连用5～7天，以恢复网胃的紧张度。

（4）术后每天2次肌内注射青霉素和链霉素。

八、皱胃阻塞（扩张）

皱胃阻塞是皱胃排泄阻塞收缩乏力而致皱胃内容物

积滞而成，病久积食增多而扩张至3～4倍，强壮成年牛多见。

【病因】粗硬饲草刺激皱胃发炎，使幽门部肿胀、内容物排泄困难；或持久喂粉末状饲草，皱胃缺乏刺激而弛缓，易形成阻塞；皱胃有炎症、溃疡，胃液分泌减少、蠕动减弱，或食毛癖，毛缠结成团不能通过幽门而阻塞。

【临床症状】病初吃草反刍减少而逐渐停止。排粪减少，稀粪如煤焦油样，粪球里外均黑。一般体温、心跳、呼吸无变化。如病久体温稍偏高，心跳、呼吸也增数。步态不稳，好卧。

右软肋下方可摸到硬块，有压痛。如皱胃阻塞扩张，则硬块延伸至膝襞，而左腹相同部位不具同等硬度。直肠检查时掌心向瘤胃，手背即能触到硬块（皱胃阻塞扩张）。

【病理变化】皱胃体积显著增大，扩张时可扩大几倍或十倍，胃壁菲薄，易于撕裂，皱胃内容物近网皱孔处较软或稀，其余均较干硬，甚至粘于黏膜上，黏膜炎性浸润，皱襞充血、有溃疡，幽门部潮红肿胀。有些病例瓣胃也充满内容物。

【类症鉴别】

1. 皱胃阻塞（扩张）与瓣胃阻塞（扩张）的鉴别诊断

［**相似点**］皱胃阻塞（扩张）与瓣胃阻塞（扩张）均有吃草、反刍减少或废绝，瘤胃内容物少、蠕动弱，排粪量少，有时成球，外表褐黑，精神不振等症状。

［**不同点**］瓣胃阻塞（扩张）急性右疝痛，在右腹最后肋骨上方、腰椎横突下方向里向前按压可触到圆球状硬块，扩张时肋弓后缘可摸到圆形大硬块。粪球外表褐

黑，球心呈黄色。

2. 皱胃阻塞（扩张）与前胃弛缓的鉴别诊断

［**相似点**］皱胃阻塞（扩张）与前胃弛缓均有吃草反刍减少或废绝，瘤胃内容物柔软，蠕动弱，磨牙，精神不振等症状。

［**不同点**］前胃弛缓虽有排粪如干球、外表褐黑，但球内发黄（只有吃红薯秧、蚕豆秧和荚时粪才发黑）。当瘤胃下盲囊向右腹倾斜作"L"状时，右腹侧可摸到硬块，但左腹侧同等部位也同样坚硬。直检手背不触及硬块。

3. 皱胃阻塞（扩张）与皱胃溃疡的鉴别诊断

［**相似点**］皱胃阻塞（扩张）与皱胃溃疡均有吃草、反刍减少或废绝，所排稀粪或粪球均为黑色，磨牙，精神不振，瘤胃蠕动弱等症状。

［**不同点**］皱胃溃疡右软肋下方至膝襞无硬块，在肋弓后缘触诊皱胃有痛感。

4. 皱胃阻塞（扩张）与牛妊娠毒血症的鉴别诊断

［**相似点**］皱胃阻塞（扩张）与牛妊娠毒血症均有体温、心跳、呼吸无变化，不吃不反刍，粪干小，步态不稳，好卧等症状。

［**不同点**］牛妊娠毒血症发生于肥胖的妊娠牛，临产前 2 月左右粪先干后下痢，粪色黄白、有恶臭。

【防制】

1. 预防措施

不喂粗硬或粉碎饲草，不缺水，不劳役过度，以免发生皱胃阻塞。

2. 发病后措施

对本病应早治，避免黏膜坏死、溃疡及内容物异常发酵而继发自体中毒甚至败血症。

（1）为维持营养和解除脱水，用25%葡萄糖500毫升、含糖盐水3000毫升、樟脑磺酸钠20毫升、25%维生素C 8～10毫升，静脉注射。

（2）为改善瘤胃内环境，洗胃。

（3）如仅皱胃阻塞尚未扩张，用瓣胃针头刺入皱胃，注入生理盐水回抽有草沫，即注入1%温盐水2000～3000毫升、液体石蜡200毫升、食醋200～300毫升。

（4）如皱胃阻塞扩张、内容物干燥，用药物无济于事，必须用手术切开皱胃扒出内容物。

九、皱胃炎

皱胃炎是皱胃黏膜发炎引起的比较严重的消化不良症。常见于老年牛和体质衰弱的成年牛。

【病因】

（1）饲料粗硬，调理不当，饲料霉败或质量不佳；奶牛长期饲喂糟粕、豆渣或粉渣，营养不足，缺乏蛋白质和维生素；饲喂不定时，时饱时饥，突然变换饲料，放牧突然转为舍饲；体质衰弱，长途运输，惊恐等均影响消化机能，而导致皱胃炎的发生。

（2）中毒、前胃疾病、消化道疾病、代谢病、某地急性或慢性传染病等，均能促使皱胃炎的发生和发展。

【临床症状】急性病例，精神沉郁，垂头站立，眼睑半闭，无神无力。被毛污秽、蓬乱，鼻镜干燥，结膜潮红、黄染。口黏膜被覆黏稠唾液，口腔内散发出难闻的气味。食欲减退或消失，有时磨牙。瘤胃轻度膨气，瘤胃收缩力微弱，次数减少；触诊右腹部真胃区，病牛有痛感。便秘，粪便干硬呈球状，表面被覆黏液。体温不高或降低。泌乳减少或停止。末期，病情急剧恶化，全身衰弱，精神极度沉郁，呈昏迷状态，甚至虚脱。

慢性病例，病牛呈长期消化不良，异嗜。口腔内有黏稠唾液和黏液，舌苔白，散发甘臭。粪便干硬呈球状。末期，体质虚弱，精神沉郁，有时呈昏迷状态。

【病理变化】 皱胃食物有的仅少量，也有的充满。有多量带血色黏液。急性黏膜充血、肿胀、浑浊，被覆一层黏稠透明黏液或黏液脓性分泌物。黏膜皱襞特别是幽门区有弥漫性或局限性的血色浸润或红色斑点，胆囊有出血点。慢性，黏膜呈灰青色、灰黄色或灰褐色甚至大理石色，并发现有血斑或溃疡。黏膜组织具有萎缩或肥厚性炎性变化。

诊断要点体温稍高，吃草、反刍减退或废绝，磨牙，从右肋弓向里触诊皱胃有疼痛，粪干、覆黏液或下痢，严重时腹痛、腹泻，衰弱昏迷。

【类症鉴别】

1. 皱胃炎与前胃弛缓的鉴别诊断

［**相似点**］皱胃炎与前胃弛缓均有吃草反刍减退或废绝，瘤胃蠕动减弱，磨牙等症状。

［**不同点**］前胃弛缓右肋弓后缘向里按有疼痛。

2. 皱胃炎与皱胃溃疡的鉴别诊断

［**相似点**］皱胃炎与皱胃溃疡均有吃草反刍减退或废

绝，瘤胃蠕动弱，皱胃区按压有疼痛，粪干或下痢等症状。

［**不同点**］皱胃发溃疡不论粪球或稀粪均呈黑色，球内也黑色（潜血）。

3. 皱胃炎与瘤胃酸中毒的鉴别诊断

［**相似点**］皱胃炎与瘤胃酸中毒均有吃草、反刍减退或废绝，瘤胃蠕动减弱，有时排稀粪等症状。

［**不同点**］瘤胃酸中毒因过食富含碳水化合物精料而发病，站不稳、好卧，瘤胃及尿 pH 在 6 以下，瘤胃内容物有酸臭味。

4. 皱胃炎与皱胃阻塞（扩张）的鉴别诊断

［**相似点**］皱胃炎与皱胃阻塞（扩张）吃草、反刍减退或废绝，瘤胃蠕动弱。粪量少，有时干如球，有时为稀粪。

［**不同点**］皱胃阻塞（扩张）右软肋下方或至膝襞前有大硬块，不论粪干稀均呈黑色。

5. 皱胃炎与瓣胃阻塞（扩张）的鉴别诊断

［**相似点**］皱胃炎与瓣胃阻塞（扩张）均有吃草、反刍减退或废绝，瘤胃蠕动减弱，磨牙，粪有时干如球等症状。

［**不同点**］瓣胃阻塞（扩张）初有疝痛，在右肋骨上方、腰椎横突下方向里向前可触及球状硬块，扩张时肋弓后缘即触到硬块。

6. 皱胃炎与牛副结核的鉴别诊断

［**相似点**］皱胃炎与牛副结核长期消化不良，食欲、反刍减弱，经常拉稀，体温不高。

［**不同点**］牛副结核稀粪恶臭，含有气泡、黏液和血块。下颌、垂皮水肿，虽消瘦但有性欲。刮取直肠黏液

膜或粪中小黏液块、血块涂片经抗酸染色后镜检，可见红色细小杆菌。

【防制】

1. 预防措施

注意饲养管理，不喂粗硬、霉败饲草。如需变更饲料应逐渐进行，不要骤换。牙齿、齿槽或前胃有病时应及时治疗，避免引发本病。

2. 发病后措施

对病牛主要消炎（实践中服药常不能保证进入皱胃而以注射药物为好）。

处方：氟苯尼考（每千克体重 20 毫克）肌内注射，每天 1 次，每次更换一个部位，连用 5 天。如已绝食，用 25% 葡萄糖 500 毫升、10% 安钠咖 30 毫升、25% 维生素 C 6～10 毫升静脉注射；如已数日不吃，每次可加氨 500～1000 毫升。如脱水加含糖盐水 3000 毫升；如磨牙，用大黄、龙胆、五倍子各 30 克，水煎服，母生 300～500 片；如已数天不吃不反刍，应洗胃以改善瘤胃内环境。

十、皱胃溃疡

皱胃溃疡是由于急性消化不良引起黏膜局部组织糜烂坏死，或自体消化形成圆形的溃疡，甚至胃穿孔而引起死亡。

【病因】粗硬饲草直接刺激皱胃黏膜，或饲料缺乏蛋白质，胃液分泌太多，黏膜黏液减少，均能导致本病的发生；一些传染病如口蹄疫、恶性卡他热、病毒性鼻气管炎、牛痘疹、水泡病、巴氏杆菌病、白喉等能继发皱胃溃疡。

【临床症状】病初无明显症状。吃草、反刍减少或废绝，精神沉郁，行动弛缓，消瘦，易出汗。在右肋弓后方和软肋下方反复按压出现疼痛感。粪时干时稀，均为黑色（粪球中心也呈黑色）。瘤胃蠕动弱，眼结膜稍苍白。病久心跳每分钟100～120次，心律不齐，消瘦，懒站立，皱胃按压疼痛更明显，卧时小心，磨牙及摇头。粪恶臭。如皱胃穿孔，则体温升高，心跳每分达100次以上，腹壁触诊有较广泛敏感，高度沉郁，很易死亡。

【病理变化】多数在幽门区及胃底部黏膜、皱襞上可见大小不等的糜烂斑点或边缘整齐的圆形溃疡。有的皱胃与腹壁粘连。

【类症鉴别】

1. 皱胃溃疡与皱胃阻塞（扩张）的鉴别诊断

［**相似点**］皱胃溃疡与皱胃阻塞（扩张）吃草、反刍减少或废绝，粪或稀或干，均呈黑色（中心也为黑色）。右肋弓后缘及软肋下按压敏感。

［**不同点**］皱胃阻塞（扩张）软肋下至膝襞触诊有大硬块。

2. 皱胃溃疡与瓣胃阻塞（扩张）的鉴别诊断

［**相似点**］皱胃溃疡与瓣胃阻塞（扩张）吃草、反刍减少或废绝，有时腹痛，粪少，粪球外表呈黑色。

［**不同点**］瓣胃阻塞（扩张）初有疝痛。最后肋骨上方、腰椎横突下方向里向前按压可触及硬圆球，扩张时肋弓后缘可触及圆硬块。粪球中心为黄色。

3. 皱胃溃疡与前胃弛缓的鉴别诊断

［**相似点**］皱胃溃疡与前胃弛缓均有吃草反刍减少或

废绝，瘤胃蠕动弱，磨牙等症状。

［**不同点**］前胃弛缓除采食鲜红薯秧、蚕豆秧及荚排黑色粪（无潜血）外，即使排黑褐色粪球，中心仍为黄色。皱胃区按压无痛。

4. 皱胃溃疡与皱胃炎的鉴别诊断

［**相似点**］皱胃溃疡与皱胃炎吃草反刍减少，瘤胃蠕动弱，磨牙，右肋弓向里按压敏感，粪有时稀，有时成球。

［**不同点**］皱胃炎的粪不呈黑色，常有轻度臌胀。

【防制】

1. 预防措施

不喂粗硬和霉变的饲草饲料，注意供给足够的蛋白质，改变饲料应逐渐进行，喂饲应定时定量，避免引发本病。

2. 发病后措施

本病的治疗，实践中下述方法疗效很好。

处方：氟苯尼考（每千克体重 20 毫克）肌内注射，每天 1 次。每次注射换一个部位，连用 5～7 天。如不吃食，用 25%葡萄糖 500 毫升、10%安钠咖 30 毫升、25%维生素 C 8～10 毫升，静脉注射；如脱水加含糖盐水 3000 毫升；如磨牙，用五倍子、大黄、龙胆各 30 克，水煎服，连用 3～5 天。

十一、皱胃移位

皱胃移位是皱胃通过瘤胃下方移到左侧腹腔，置于瘤胃和左腹壁之间。本病较多发生于高产母牛，大多数发生于产后。

【病因】奶牛妊娠后，其胎儿逐渐增大，沉重，并逐渐将瘤胃向上抬高及向前推移，使皱胃左移；当母牛分

娩时，使瘤胃恢复原位而突然下沉，真胃被压到瘤胃左方。分娩期努责、奶牛高产、脓毒性乳房炎和子宫炎、消化不良、过食含有高蛋白的精饲料、生产瘫痪、酮病等均可导致皱胃弛缓，引起皱胃移位。

【临床症状】 患牛拒吃精料和多汁饲料，特点是吃少量干草，消化紊乱。粪便量少而呈稀糊状，胃肠蠕动弛缓，食欲减退，精神轻度沉郁，皮肤及呼气有酮体气味，但无酮病症状。右侧腰窝明显下陷，左腹壁第 11 肋弓下方呈明显不对称膨大。在左侧最后一、二或三肋骨（肋间）的肋软骨接合处、肋架上 1/3 部，用听诊与叩诊结合检查时，可听到钢管音。

【类症鉴别】

1. 皱胃移位与创伤性胃炎的鉴别诊断

［**相似点**］皱胃移位与创伤性胃炎均有吃草反刍减少或废绝，瘤胃蠕动弱等症状。

［**不同点**］创伤性胃炎肘外展，叩诊剑状软骨部位敏感，卧时小心，前肢先跪，后躯左右移动而后才卧。

2. 皱胃移位与牛酮病的鉴别诊断

［**相似点**］皱胃移位与牛酮病均有产后发病，奶汁、呼气有酮味，腹痛等症状。

［**不同点**］牛酮病多因饲料中所含蛋白质、脂肪多于碳水化合物而发病，多数嗜睡，左肷部不显膨大。

3. 皱胃移位与皱胃阻塞（扩张）的鉴别诊断

［**相似点**］皱胃移位与皱胃阻塞（扩张）均有右腹膨胀，粪发黑，腹痛，体温不高等症状。

［**不同点**］皱胃阻塞（扩张）右腹软肋下方至膝襞有

硬块。听诊不出现钢管音和乒乓音。

【防制】

1. 预防措施

粗饲料与精饲料要搭配好，防止过食含有高蛋白的精饲料。患有能继发皱胃移位的乳腺炎、子宫炎、消化不良、生产瘫痪、酮病等病时要及时治疗。母牛发情时加强管理，防止配种或母牛互爬，以及减少不饱和脂肪酸饲料的给予，以防皱胃发生变位，分娩后注意观察，一旦发生左方变位时可以及时治疗。

2. 发病后措施

（1）如左方变位，横卧保定，在左侧软肋下切开皮肤，开通腹腔，伸手入腹腔，将左移的皱胃从瘤胃底部移向右腹侧，如有粘连，小心分离。

（2）手术疗法。切开左右腹壁，整复移位。

（3）滚转翻身法。先使病牛呈左侧横卧姿势，然后再转成仰卧式（背部着地，四蹄朝天），随后以背部为轴心，先向左滚转 45°，回到正中，再向右滚转 45°，回到正中。如此左右摇晃 3 分钟，突然停止，使病牛仍呈左侧横卧姿势，再转成俯卧式（胸部着地），最后使之站立，检查复位情况。

（4）可内服中药，党参 30 克，沙参 30 克，黄芪 100 克，当归 50 克，白术 80 克，柴胡 30 克，升麻 20 克，陈皮 40 克，甘草 15 克，研末内服，1 天 1 剂，连服 5 剂。

十二、牛肠阻塞

牛肠阻塞是饲草或异物在某个肠段发生阻塞而引起

的疾病，为黄牛常见病之一。

【病因】饲喂未铡的鲜长红薯秧或其他秧藤；被吞食的被毛在肠道缠结而阻塞某一肠段；劳逸不均、劳役过度、缺乏饮水也易引起阻塞。

【临床症状】病初有明显疝痛，站立时不断用后肢向前或向后蹬踢。回顾腹部，频频起卧，卧时后肢蹬腿或抖动。但随着病程的延长逐渐减轻，一般发病3日后几乎不显腹痛。精神由不振渐变为沉郁，不愿走动，懒于站立而喜久卧。每作排粪姿势而不排粪便，仅排出白色胶胨样黏液。如为盲肠不完全阻塞时，则所排的较稀黏液带褐色。

病牛吃草、反刍废绝，尚饮水，瘤胃蠕动减弱甚至废绝，病久触诊有波动感。一般体温、心跳无异常，病久心跳每分钟可达100次以上。眼结膜稍充血，眼球稍凹陷，皮肤弹性减弱，尿少稍黄。

如用拳搡右肷中部，可感到或听到晃水音。若晃水音来源于肋弓偏下方，说明皱胃充满液体，阻塞部位可能在十二指肠或毛球阻塞幽门部。如在拳四周可感到晃水音时，阻塞部位可能在回肠、盲肠（完全阻塞）、结肠（肠盘中央）。当牛左侧卧时用手搡膝襞上后方感到有拳大的块状物（有时直检也可摸到拳大粪块），可证实盲肠阻塞。

【类症鉴别】

1. 牛肠阻塞与前胃弛缓的鉴别诊断

［**相似点**］牛肠阻塞与前胃弛缓均有体温不高，吃草、反刍废绝，瘤胃蠕动音弱或无，有波动，懒于走动

等症状。

[**不同点**] 前胃弛缓能排粪，不排白色黏液，不出现疝痛，右肷无晃水音。

2. 牛肠阻塞与皱胃毛球阻塞幽门部的鉴别诊断

[**相似点**] 牛肠阻塞与皱胃毛球阻塞幽门部吃草、反刍废绝，不排粪、排黏液，搡右肷有晃水音。

[**不同点**] 皱胃毛球阻塞幽门部所排黏液为黄褐色。

3. 牛肠阻塞与牛肠扭转的鉴别诊断

[**相似点**] 牛肠阻塞与牛肠扭转吃草、反刍废绝，瘤胃柔软、有波动感，蠕动弱，有疝痛，搡右肷有晃水音。

[**不同点**] 牛肠扭转常在右肷中下部（自肋弓至膝襞前），可触到拳大的硬块并有痛感。

【防制】

1. 预防措施

喂红薯秧或其他秧藤必须铡短或粉碎，补钙，梳毛，防止吞毛，并防止牛吃塑料制品。不要使牛过度劳役和缺水。

2. 发病后措施

在实践中，灌服兴奋副交感神经等药物不能取得疗效，即使将药物从瓣胃注入也因阻塞物过硬而难以奏效，手术疗法有着可靠的疗效。

（1）洗胃　手术前应洗胃，一方面排出积水、改善瘤胃内环境，另一方面可减轻腹内压，有利于手术的进行。

（2）补液　在手术之初即用含糖盐水3000～4000毫升、樟脑磺酸钠20毫升、25%维生素C 8～10毫升静脉注射。

（3）麻醉　将病畜站立保定，右肷剪毛后，用2%的普鲁卡因做椎旁麻醉和局部菱形麻醉。

（4）手术　在右肷中部垂直切开皮肤、腹肌、腹膜，先切15～20厘米，右手伸入腹腔，五指并拢掌心向腹壁，手指贴紧腹壁向后至耻骨前缘，反手摸到大网膜边缘，然后将大网膜向前挪动，使肠盘显露于腹壁切口处。如大网膜不能挪动时，可在切口相应处避开血管切开大网膜。

① 如肠盘中央有阻塞块，易于发现。用手指指面先从粪块向心端（接近液体内容物）压捏使之变形或碎裂，反复捏粪块两端即可排出。

② 如肠盘周边小肠不充满液体，在左肾下方十二指肠或幽门部可摸到毛球或阻塞粪块。如不太坚硬则压捏变形，再小心挤捏至健康肠管后捏碎，如因太坚硬不能捏碎，先用肠钳夹位肠管，再纵切肠管取出阻塞物，而后将肠管分黏膜肌层和肌层浆膜缝合。如幽门部的毛球太大且难以捏碎，应向前下方扩创，创缘垫好纱布，先在皱胃针刺或切小口放出液体，再扩大皱胃切口取出毛球。而后两层缝合皱胃。

如肠盘中的结肠无液体，周边小肠充满液体，在肠盘后缘偏上可摸到阻塞回肠的粪块（体积较小），只要捏变形挤进结肠即可。如为盲肠阻塞，在肠盘后方可摸到一个1～2拳大的粪块，先捏前段，后捏后段，直至捏碎。

（5）腹腔注入油剂青霉素300万国际单位。

（6）依次缝合腹膜、腹肌、皮肤。

（7）手术后注射青霉素和链霉素。

十三、牛肠扭转

牛肠扭转是因不正常起卧等原因引起的空肠扭转，导致肠管不通。

【病因】 当劳役不均和粗饲料不足（肉用牛），肠蠕动弛缓，寒冷刺激引起痉挛易发病；在扭转肠管内发现手指粗、坚韧、灰白的类似结缔组织样物，可能适逢剧动而致肠扭转。

【临床症状】 体温升高0.5～1℃，心跳、呼吸稍增数，瘤胃蠕动减弱或废绝，吃草、反刍废绝，初尚排粪，后仅排白色胶胨样黏液，用拳揉右肷，不仅有晃水音，还可触及拳头大块状物并有压痛。眼结膜充血、眼球凹陷。

【类症鉴别】

1. 牛肠扭转与前胃弛缓的鉴别诊断

［**相似点**］牛肠扭转与前胃弛缓均有吃草、反刍减少或废绝，瘤胃柔软、蠕动弱，精神差等症状。

［**不同点**］前胃弛缓在右腹侧揉之无晃水音，无疼痛。不排白色黏液。

2. 牛肠扭转与牛肠阻塞的鉴别诊断

［**相似点**］牛肠扭转与牛肠阻塞吃草、反刍减少或废绝，瘤胃柔软、蠕动弱，拳揉右肷有晃水音，排白色胶胨样黏液。

［**不同点**］牛肠阻塞右肷下不会触及有疼痛的硬块。

【防制】

1. 预防措施

饲喂时精粗料要适当配合，当气候骤变时注意保暖。

防止牛猛起猛卧。

2. 发病后措施

本病药物治疗无效，只能用手术疗法。

（1）洗胃补液。手术前先洗胃，手术中补液。

（2）保定。用站立保定法，右肋椎旁和局部菱形麻醉。

（3）手术。在触诊有硬块处切开腹壁，找到扭转肠管。小心分离有可能粘连的肠管，除去黏附的纤维蛋白，再在扭转部位涂油剂青霉素，并在腹腔注入油剂青霉素，然后缝合腹膜、腹肌、皮肤。

（4）术后处理。参照牛肠阻塞。

十四、牛肠炎

牛肠炎是牛肠黏膜的表层和深层组织发生重剧炎症的过程，是使胃肠的器质和机能引起紊乱的一种疾病。有急性、慢性之分，多为急性。

【病因】吃了霉变饲料和冬季吃冰冻水拌料，致肠道微生物群失调而发病；长期营养不良，劳役过度，体力降低，再受寒冷侵袭，易于发病；一些细菌性、病毒性和寄生虫病，多有继发的可能性。

【临床症状】一般体温高 1.2℃（40～41℃），心跳增数，严重时可达 100 次以上，呼吸稍增数。精神初不振渐沉郁。吃草反刍初减少，病重废绝，瘤胃蠕动减弱或废绝。眼结膜充血，脱水时凹陷。尿量逐渐减少、色黄。粪稀，含有黏液，严重时排褐色的腥臭黏液和粪水，甚至不含草沫。这时出现叉腿、里急后重，有时黏液中可见血丝和血液。尾根及臀部甚至飞节均被粪污，甚至黏附有粪黏液干结物，搡右腹侧显敏感，懒于行动，严重时不愿起立。

【类症鉴别】

1. 牛肠炎与前胃弛缓的鉴别诊断

［**相似点**］牛肠炎与前胃弛缓均有吃草、反刍减少或废绝，瘤胃蠕动减弱，精神不振等症状。

［**不同点**］前胃弛缓体温不升高，不排含黏液、血液腥臭的粪水。

2. 牛肠炎与牛肠卡他的鉴别诊断

［**相似点**］牛肠炎与牛肠卡他均有吃草、反刍减少，排稀粪等症状。

［**不同点**］牛肠卡他体温不高，不绝食，粪时干时稀，不腥臭。

3. 牛肠炎与牛黏液膜性肠炎的鉴别诊断

［**相似点**］牛肠炎与牛黏液膜性肠炎吃草、反刍减少或废绝，体温升高，排含有黏液的腥臭稀粪。

［**不同点**］牛黏液膜性肠炎病初排腥臭稀粪，几天后腹痛加剧，排出较长的白色管状或索状黏液膜，排出后体温下降，症状也减轻。

4. 牛肠炎与牛副结核病的鉴别诊断

［**相似点**］牛肠炎与牛副结核病均有拉稀，粪中含有黏液、血液。

［**不同点**］牛副结核病的体温不高，粪中有气泡和凝血块，有恶臭，颌下、垂皮水肿，副结核菌素变态反应阳性。

5. 牛肠炎与牛血吸虫病的鉴别诊断

［**相似点**］牛肠炎与牛血吸虫病均有体温高（40℃以上），拉稀，粪有黏液、血液甚至黏液块，里急后重等症状。

［**不同点**］牛血吸虫病行动迟缓，眼结膜苍白，粪检可见虫卵。

6. 牛肠炎与牛沙门氏菌病的鉴别诊断

［**相似点**］牛肠炎与牛沙门氏菌病均有拉稀，粪中有血等症状。

［**不同点**］牛沙门氏菌病腹痛剧烈，眼结膜充血、黄染，可检出沙门氏菌。

7. 牛肠炎与夹竹桃中毒的鉴别诊断

［**相似点**］牛肠炎与夹竹桃中毒吃草反刍减少或废绝，拉稀腥臭，粪中有黏液和血液。

［**不同点**］夹竹桃中毒因吃夹竹桃而发病，体温不高，心跳缓慢、有间歇，腹痛，肺音粗厉。

【防制】

1. 预防措施

不喂霉变饲料和冰冷饮水，加强饲养管理，保持健康体质，防止引发本病，对病畜治疗以制菌消炎为主。

2. 发病后措施

实践证明病畜也具有前胃弛缓情况，以注射用药效果好。

处方：氟苯尼考（每千克体重 20 毫克）肌内注射，24 小时 1 次，连用 5 天。或用氟哌酸每千克体重 5～10 毫克肌内注射，12 小时 1 次，连用 5 天。为补充营养保肝补液，用 25% 葡萄糖500毫升、含糖盐水3000毫升、10%安钠咖30毫升、25%维生素C 8～10毫升静脉注射，每天或隔天1次。如尿的pH在7以下，应在上述补液中去维生素C，加5%碳酸氢钠300～500毫升（根据pH高低而定量）。如有磨牙，用五倍子、大黄、龙胆各30克，水煎服，每天1次，连用3～5天。如已2～3天不吃草、不反刍，应洗胃改善瘤胃内环境。

十五、乳腺炎

乳腺炎是乳腺发生的各种不同性质的炎症，是奶牛泌乳期最多发的一种乳房疾病。发病率约为20%～60%，甚至超过80%。

【病因】由病原微生物（主要有链球菌、葡萄球菌、化脓棒状杆菌、大肠杆菌、绿脓杆菌和产气荚膜杆菌等）侵入乳腺内感染而引起。其中，以链球菌最常见，是引起乳腺炎的主要病原之一，其中以无乳链球菌感染最多。此外，其他细菌、病毒、真菌、物理性刺激和化学因素，都可引起乳腺炎。擦洗乳房的用具和水、挤奶员的手、挤奶杯消毒不严及吸吮乳头残奶的蝇类，往往是传播乳腺炎的媒介。另外，患子宫内膜炎、生殖器官疾病、产后败血症、布鲁菌病、结核、胃肠道急性炎症的病牛，亦可伴发乳房炎。遭受感染的重要因素，主要是管理不当，如挤奶方法不当、褥草污染、挤奶不卫生、病牛和健牛不分别挤奶等，均可成为感染条件。

【临床症状】乳腺炎的分类方法很多，有按炎症性质进行分类的，有按病程长短分的，还有按感染病原体的种类来分的。下面就比较常用的病程分类法作一简单介绍。

（1）急性乳腺炎。患病乳区增大、变硬、发热、发红、疼痛，乳房背淋巴结肿大。泌乳减少，乳汁稀薄，混有粒状或絮状物，严重时乳汁呈淡黄色至淡红色水样，有时见有脓汁或血液。常伴有不同程度的全身症状，如体温升高达41～42℃，呼吸心跳加快，可视黏膜潮红，精神沉郁，食欲减退，瘤胃蠕动和反刍缓慢。病牛起卧困难，常站立不愿卧下，急剧消瘦，常因败血症而死亡。

（2）慢性乳腺炎。多由于急性型未能彻底治愈转化而来。全身症状不明显，泌乳量显著减少，乳汁稀薄，清淡或不同程度的淡黄色，乳汁中混有粒状或絮状物。乳区组织弹性降低、僵硬，触诊乳房时，可发现有大小不一的硬块。

（3）隐性乳腺炎。没有可见的临床症状和乳汁的变化。

【实验室检查】隐性乳腺炎不显临床症状，可进行实验室检验诊断。

（1）体细胞计数法。按照国际奶牛联合会制定的标准，对乳汁中体细胞进行计数。如每毫升低于50万时，判为阴性；超过50万的，判为阳性。

（2）LMT乳腺炎诊断液（由中国农业科学院兰州中兽医所研制）。在每一个检验盘中加入乳样2毫升，然后加等量诊断液，将盘平置旋转摇动，使诊断液与乳汁充分混合，经10秒钟后观察，根据显色、凝集和黏附情况判定有无乳腺炎。

【防制】

1. 预防措施

牛舍和运动场要平整，排水通畅，干燥清洁，无粪尿残存，要坚持定期进行消毒。经常刷拭牛体，保持乳房清洁。对较大的乳房，特别是下垂严重的乳房，要注意保护，避免外伤。挤奶前后均应以黏膜消毒剂，如0.2%高锰酸钾、0.3%雷佛奴耳或5%聚维酮碘溶液对乳房和乳头进行药浴。

2. 发病后措施

急性乳腺炎可用处方1、处方2；慢性乳腺炎可用处方3、处方4；隐性乳腺炎可用处方5、处方6。有些治疗方案中的方法，根据情况亦可重组应用。

处方1：①2%硼酸水溶液，加冰块使之降温后，患病乳房冷敷，每次30分钟，2～3次/天。②青霉素G钠100万～200万单位、0.25%普鲁卡因生理盐水注射液100～150毫升，患侧乳房基部封闭，1次/天，连用2～3天。③等量蒲公英、紫花地丁适量，共研为细末，以鸡蛋清调为糊状，外敷于乳房患部，1次/天，连用2～3次。

处方2：①硫酸镁饱和水溶液加热至38～40℃，热敷，每次30～40分钟，3～5次/天，连用2～3天。②以通奶针插入乳房，排净乳液后，注入0.1%高锰酸钾冲洗，排出冲洗液，苄星青霉素120万单位以0.25%普鲁卡因生理盐水注射液100毫升注入乳房，1次/天，连用3～5次。③等量蒲公英、紫花地丁适量，共研为细末，以鸡蛋清调为糊状，外敷于乳房患部，1次/天，连用2～3次。④葡萄糖生理盐水注射液1500～2500毫升、注射用氨苄西林钠20毫克/千克体重、板蓝根注射液20～30毫升，静脉注射，2次/天，连用3～5天。

处方3：①以通奶针插入乳房，排净乳液后，注入0.1%高锰酸钾冲洗乳房。排出冲洗液后，注入乳炎康1～2支，1次/2天，连用2～3次。②硫酸镁饱和水溶液加热至38～40℃，乳房患部热敷，每次30～40分钟，3～4次/天，连用3～5天。③肿

痛消散 300～400 克/头，温水调灌服，1 次/天，连用 3～5 天。④盐酸林可霉素注射液，每千克体重 10 毫克，肌内注射，1 次/天，连用 3～5 天。

处方 4：①硫酸镁饱和水溶液加热至 38～40℃，乳房患部热敷，每次 30～40 分钟，3～4 次/天，连用 3～5 天。②等量蒲公英、紫花地丁适量，共研为细末，以鸡蛋清调为糊状，外敷于乳房患部，1 次/天，连用 2～3 次。③硫酸庆大霉素-盐酸林可霉素注射液（以硫酸庆大霉素计）4 毫克/(千克体重 · 次)，肌内注射，1～2 次/天，连续应用 5～7 天。④蒲公英散 250～400 克/头，温水调灌服，1 次/天，连用 3～5 天。

处方 5：①蒲公英散 250～400 克/头，温水调灌服，1 次/天，连用 5～7 天。②患病乳叶每叶从乳头管注入乳炎康 1～2 支，1 次/2 天，连用 2～3 次。

处方 6：①归芪散 200～250 克/头，温水调灌服，1 次/天，连用5～7 天。②板蓝根注射液 20～30 毫升/次，肌内注射，2 次/天，连用5～7 天。

十六、子宫扭转

子宫扭转是怀孕的子宫围绕自己的纵轴发生扭转，扭转程度一般在 90°～180°，有的可达 360°。怀孕后期多发，中期之前少发；牛多发。

【病因】母牛卧下时前躯低后躯高，子宫在腹腔呈悬垂状态，这时母牛突然急剧转动身体，有胎儿的部分子宫因自身重量大不能随之转动，导致孕角一侧发生扭转；母畜在孕期间打滚或偶然原因翻滚；平时运动不足，子宫韧带弛缓，在腹痛或难产起卧频繁时，也易发生扭转。

【临床症状】在怀孕早期（曾见怀孕 3 个月的牛子宫

扭转）发生子宫扭转时，出现疝痛，疝痛时不吃草、不反刍，经注射安乃近后即恢复吃草、反刍，这一状况反复出现。

怀孕后期或临产时，表现腹痛，虽不断努责，但阴户不见胎膜露出或胎水排出。

不论怀孕早期或后期，阴道检查时，阴道黏膜紧张，阴道深处可摸到阴道壁有螺旋皱襞，其方向有的顺时针转，也有的逆时针转。

直肠检查时，在骨盆和耻骨前缘可摸到如麻花样扭转的子宫体。

【类症鉴别】

1. 子宫扭转与牛肠阻塞的鉴别诊断

［**相似点**］子宫扭转与牛肠阻塞均有腹痛，镇痛后即缓解，腹围膨大。

［**不同点**］牛肠阻塞整个病程中不见排粪，仅排白色胶冻样黏液，搡右腹壁有晃水音，镇痛后，痛虽暂时消除但不恢复食欲反刍。子宫扭转阴道检查，阴道壁作螺旋状，直肠检查子宫体作麻花样扭转。

2. 子宫扭转与瓣胃阻塞的鉴别诊断

［**相似点**］子宫扭转与瓣胃阻塞均有腹痛，用镇痛药后可暂时安宁。

［**不同点**］瓣胃阻塞病中粪量小而干，在右侧腰横突下与最后肋骨之间向前向里按压，可触到圆球状硬块。镇痛药用后，不能恢复食欲反刍。

3. 子宫扭转与胎儿过大的鉴别诊断

［**相似点**］子宫扭转与胎儿过大均有临产疼痛、不

安，努责用力而不见胎儿产出等症状。

［**不同点**］胎儿过大时腹围较大，直肠检查子宫膨大有波动，但无子宫麻花样扭转，阴道检查阴道壁无螺旋现象。

【防制】

1. 预防措施

加强对孕畜的管理，每天要有适当运动，防止急起急卧和急扭体躯后发生子宫扭转。一旦确诊为子宫扭转时，不论是怀孕早期或临产时，均应剖宫处理。

2. 发病后措施

（1）手术　如在怀孕早期，站立保定即可手术。剖宫后将子宫作相反旋转，使子宫恢复原状后扭转部涂油剂青霉素，并用油剂青霉素 300 万国际单位注入腹腔，而后再缝合腹膜、腹肌、皮肤。

（2）剖宫产　如在临产时发现子宫扭转，应迅即进行剖宫产。

十七、胎衣不下

胎衣不下又称胎盘滞留，是指母牛产犊 12 小时后，胎衣仍未排出。多发生于具子叶胎盘的反刍动物，尤以黄牛和奶牛多发。胎衣不下常继发其他产后疾病，导致不孕，有时甚至危及母牛生命。

【病因】胎衣不下多因妊娠母牛运动不足，食精料过多，缺少优质青粗饲料，矿物质和维生素缺乏，钙磷比例失调等所致。

【临床症状】胎衣不下可分为部分胎衣不下和全部胎

衣不下两种。全部胎衣不下，滞留的胎衣悬垂于阴门外，呈红色→灰红色→灰褐色的条索状，且常被粪便、垫料污染。如悬垂于阴门外的部分呈灰白色膜状，其上无血管分布，则是尿-羊膜部分。少数母牛产后在阴门外无胎衣露出，只是从阴门流出血水，但卧地时阴门张开，可见内有胎衣。部分胎衣不下，胎衣已排出一部分或大部分，并且断离母体，只有经阴道探查时才能发现残留的部分胎衣，但阴门常有血水流出。

胎衣不下常伴有强烈的努责，易并发子宫脱出。母牛呈现站立不安，腹痛。经1～2天后，停滞的胎衣开始腐败，散发出特殊的腐败臭味，并有红褐色的恶露和胎衣碎片从阴门排出。胎衣腐败产生的毒素被吸收后，母牛出现精神沉郁，食欲减退，排尿时拱背、呻吟，有痛感，产奶量下降，有的母牛体温升高。根据病史和临床症状不难作出诊断。

【类症鉴别】

1. 胎衣不下与子宫脱出的鉴别诊断

［**相似点**］胎衣不下与子宫脱出均是分娩后发生，阴门外悬挂一个暗红色囊状物。

［**不同点**］脱出的子宫比胎衣厚，阴道黏膜与子宫同时脱出，阴唇四周无空隙。牛还可见突出的子叶水肿、破溃。

2. 胎衣不下与子宫炎（化脓性）的鉴别诊断

［**相似点**］胎衣不下与子宫炎（化脓性）均体温高，沉郁，有时拱背努责，多产后发生。

［**不同点**］子宫炎（化脓性）产后胎衣曾完全排出。

直肠检查，子宫壁肥厚敏感。

【防制】

1. 预防措施

对怀孕母牛应加强饲养管理，注意饲料营养的合理搭配及维生素、矿物质的供给，钙、磷比例应适当。每1000千克精料中添加亚硒酸钠200～300毫升、50%醋酸维生素E粉50克，饲喂妊娠母牛。

2. 发病后措施

处方1：①催产素（缩宫素）100单位/次，产后6～8小时肌内注射，4小时后重复注射1次。②10%浓盐水注射液500～1000毫升、葡萄糖生理盐水注射液1000～2500毫升，产后8～10小时静脉注射，1次/天，连用2天。③3%过氧化氢溶液50～100毫升，用橡胶管注入母牛子宫深处。

处方2：①甲硫酸新斯的明20毫克/次，肌内注射，1次/天，连用3～4天。②3%过氧化氢溶液50～100毫升，用橡胶管注入母牛子宫深处。③生化散250～350克/次，温水调灌服，1次/天，连用2～3天。

十八、阴道炎

阴道炎是母畜阴道的炎症性疾病，多发生于牛、猪，以牛为多见。

【病因】配种、助产所致阴道损伤和感染，子宫内膜炎、胎衣及死胎宫内腐败等均可引发阴道炎。

【临床症状】依据病程可分为急性和慢性两种。急性阴道炎，前庭及阴道黏膜呈鲜红色，肿胀疼痛，阴道排出黏液或黏液脓性分泌物，阴门频频开闭，常作排尿姿势，但很少有尿液排出。发生化脓性炎症时体温升高，精神沉郁，食欲减退，排尿时拱背、呻吟，有痛感，常有大量脓性渗出物从阴门排出，污染尾部及后肢。慢性阴道炎症状不甚明显，阴道排出少量黏液或黏液脓性分泌物，阴道黏膜呈苍白色，较干燥，一般无全身症状。根据病史和临床症状不难作出诊断。

【类症鉴别】

1. 阴道炎与阴门、阴道创伤的鉴别诊断

［**相似点**］阴道炎与阴门、阴道创伤均有阴门、阴道红肿，有分泌物等症状。

［**不同点**］阴门、阴道创伤的阴门、阴道有创伤。

2. 阴道炎与子宫颈炎的鉴别诊断

［**相似点**］阴道炎与子宫颈炎均有阴道黏膜红肿，有分泌物等症状。

［**不同点**］子宫颈炎的子宫颈口稍移开，有弥漫性充血，子宫颈管内有黏稠分泌物。

【防制】

1. 预防措施

在配种、助产时，要注意保护阴道，并做好消毒工作，以防造成阴道的损伤和感染。

2. 发病后措施

处方1：①以0.1%高锰酸钾或0.1%雷佛奴耳溶液充分洗涤阴道。②排出冲洗液后，立即注入宫炎速康灌注剂20～30毫升/次，1次/天，连用3～5天。

处方2：①以0.1%高锰酸钾或0.1%雷佛奴耳溶液充分洗涤阴道。②排出冲洗液后，大蒜20～30克、食盐5克，大蒜去皮，加入食盐捣泥，用纱布包成条状塞入阴道，2～4小时后取

出，1 次/天，连用 5～7 天。③葡萄糖生理盐水注射液 1500～2500 毫升、氨苄青霉素钠 7 毫克/千克体重、10% 樟脑磺酸钠注射液 10～20 毫升，静脉注射，1～2 次/天，连用 5～7 天。

十九、子宫内膜炎

【病因】 子宫内膜炎是由于人工授精、阴道检查、难产时助产消毒不严或因胎衣不下，子宫脱出，至葡萄球菌、大肠杆菌、链球菌、双球菌感染所致的。

【临床症状】 急性子宫内膜炎，体温略微升高，食欲减退，泌乳量下降，拱背努责，常作排尿姿势，从阴门排出黏液或黏液脓性分泌物，卧地时排出量增多。阴道检查，子宫颈少开，有时可见脓性分泌物从子宫颈流出。直肠检查，可发现一个或两个子宫角变大，子宫壁增厚，收缩反应无力，有痛感，当子宫腔内蓄积有多量渗出物时，可感觉到波动。

慢性子宫内膜炎多由急性子宫内膜炎转变而来，常无明显的全身症状。阴道检查，子宫颈略开张，从子宫颈口流出透明、浑浊或掺杂有脓性絮状分泌物。直肠检查，感觉子宫松弛，子宫壁增厚，一个或两个子宫角稍大。有的既无全身症状，阴道、直肠检查也无异常，仅表现屡配不孕。根据病史和临床症状不难作出诊断。

【类症鉴别】

1. 慢性子宫内膜炎与输卵管炎的鉴别诊断

［**相似点**］慢性子宫内膜炎与输卵管炎均有发情周期正常，屡配不孕等症状。

［**不同点**］输卵管炎的阴门不流分泌物。直肠检查，

输卵管如筷子粗或有几个结节，子宫无变化。

2. 慢性子宫内膜炎与慢性子宫颈炎的鉴别诊断

［**相似点**］慢性子宫内膜炎与慢性子宫颈炎均有发情周期正常，屡配不孕，阴门流分泌物等症状。

［**不同点**］慢性子宫颈炎阴道检查，子宫颈充血、水肿，子宫颈口略开张，子宫颈膣部有黏稠分泌物并凹凸不平。

【防制】

1. 预防措施

应改善饲养管理，及早进行局部和全身治疗，一般可取得较好效果。

2. 发病后措施

处方 1：①以 0.1%高锰酸钾或 0.1%雷佛奴耳溶液充分洗涤子宫。②排出冲洗液后，立即注入宫炎速康灌注剂 20～30 毫升/次，1 次/天，连用 3～5 天。

处方 2：①以 0.1%高锰酸钾或 0.1%雷佛奴耳溶液充分洗涤子宫。②缩宫素 30～50 单位/次，肌内注射，1～2 次/天，连用 3～5 天。③氨苄青霉素钠 7 毫克/千克体重、注射用水 10～20 毫升，肌内注射，2 次/天，连用 5～7 天。④露它净灌注剂 20～30 毫升/次，1 次/天，连用 3～5 天。

二十、子宫出血

子宫出血是分娩过程中，子宫有较大损伤，并使血管破裂引起的出血。有的因未见阴户流血而被忽视。多发生于牛。

【病因】绒毛膜与子宫黏膜有炎症或其他异常，在分娩胎膜剥离时引起出血；助产者指甲较长，在助产过程中刮破子宫壁，致使胎儿产出后未能止住血（因未见有

血流出阴门而被忽视)；在截胎后未护好胎儿残体的断骨骼，致使子宫壁受创伤。

【临床症状】产后精神不振，懒于行动，较为沉郁，食欲大减或废绝。体温无异常，如有感染则体温略升高。心跳增数（每分钟80～100次或以上），呼吸增数。眼结膜苍白或稍苍白。阴门时有滴血，卧下时常有血液流出。尾附有干血块。

【类症鉴别】

1. 子宫出血与子宫颈损伤的鉴别诊断

[**相似点**] 子宫出血与子宫颈损伤均有产后发病，阴门流血，尾附有干血块等症状。

[**不同点**] 子宫颈损伤检查阴道，子宫颈有损伤。眼结膜不苍白。子宫出血眼结膜苍白，尾附有干血块。

2. 子宫出血与阴道损伤的鉴别诊断

[**相似点**] 子宫出血与阴道损伤均有产后发病，阴门流血，尾附有血块等症状。

[**不同点**] 阴道损伤检查阴道，阴道黏膜有损伤。有时配种也可造成损伤，其创伤较分娩造成的创伤严重。

3. 子宫出血与阴道肿瘤的鉴别诊断

[**相似点**] 子宫出血与阴道肿瘤均有阴门流血，尾根附有干血块等症状。

[**不同点**] 阴道肿瘤检查阴道，可发现肿瘤溃破，不在分娩时也会出血，不出现全身症状。

【防制】

1. 预防措施

孕畜分娩时，如出现强烈努责而不见胎儿正常产出，应立即查明是否难产。在助产或截胎过程中，尽量不要造成子宫黏膜损伤，以防止子宫出血。

2. 发病后措施

若已出血，应尽量采取止血措施。

处方：止血敏（酚磺乙胺，每2毫升含0.5克）25～50毫升，一次肌内注射，每3～4小时1次。用维生素K_3（每毫升含4毫克）0.1～0.3克，肌内注射。用安络血30～60毫升，肌内注射。采用2～3种同时注射，较一种药的止血效果好。如眼结膜苍白，输血1000～2000毫升；如体温升高，用10%磺胺嘧啶100～120毫升、10%安钠咖30毫升、10%葡萄糖500毫升，静脉注射，12小时1次，连用3～5天。也可同时肌内注射青霉素，一次200万国际单位，12小时1次。

二十一、气管炎

【病因】不良气体（氨、烟）、尘埃、霉菌及冷空气刺激，喉炎、支气管炎的蔓延均可发生本病。

【临床症状】主要为咳嗽，尤其早晨牵出畜舍吸入冷空气时立刻引起咳嗽。按捏气管即诱发咳嗽，有时气管分泌物多，还可在肺部听到湿啰音或水泡音，在气管听诊更清晰。一般不表现全身症状。

【类症鉴别】

1. 气管炎与喉炎的鉴别诊断

[**相似点**] 气管炎与喉炎均有咳嗽，吸入冷空气时即发咳等症状。

[**不同点**] 喉炎的体温稍高，喉部肿胀、热痛，捏喉部即咳，捏气管不发咳。

2. 气管炎与支气管炎的鉴别诊断

［**相似点**］气管炎与支气管炎咳嗽，吸冷空气即咳，听诊有湿啰音。

［**不同点**］支气管炎的肺部听诊有湿啰音或干啰音，在气管部听不到啰音，捏气管不咳。

3. 气管炎与牛网尾线虫病的鉴别诊断

［**相似点**］气管炎与牛网尾线虫病均有咳嗽，听诊肺有啰音，捏气管咳嗽，体温不高等症状。

［**不同点**］牛网尾线虫病食欲减少或废绝，消瘦，贫血，流鼻液。鼻液、粪便检验可发现幼虫。

【防制】

1. 预防措施

畜舍干净通风，防止氨气、烟体吸入致病。

2. 发病后措施

处方 1：5%石炭酸或 5%来苏儿作蒸气吸入，每天 2 次，如气管分泌物多，则用 10%松节油蒸气吸入，每天 2 次。在气管外部用松节油擦剂（松节油 65 毫升、樟脑 5 克、软肥皂 7.5 克、蒸馏水 22.5 毫升，混合摇匀）或 10%樟脑酒精涂擦，每天 1～2 次。

处方 2：青霉素 100 万国际单位，用蒸馏水 5 毫升稀释后，用人用静脉注射针头作气管缓慢注入。

二十二、支气管炎

支气管炎是支气管黏膜表层或深层的炎症，在临床上以咳嗽、流鼻液与不定型热为特征。按病程分急性与慢性，早春、晚秋多发。

【病因】

(1) 随空气吸入的各种细菌（肺炎球菌、巴氏杆菌、链球菌、葡萄球菌、化脓杆菌、霉菌孢子、猪嗜血杆菌、副伤寒杆菌等），在骤寒或冷雨侵袭感冒，易使细菌繁殖而发病。

(2) 空气尘埃太多，或氨、二氧化硫、烟气或空气污浊易引发本病。

(3) 缺乏维生素 A 及一些疾病（口蹄疫、流感、喉炎、气管炎、肺炎等）可继发本病。

【临床症状】 急性主要症状为咳嗽，病初短咳、干咳，并带有疼痛表现。3～4 天后，因有炎性渗出物变为湿咳，咳声延长，疼痛减轻。有时咳出黏性或黏液脓性灰白色、有时带黄色的痰液，由两鼻孔流出。咳时流出量多。听诊病初呼吸音增强，2～3 天后先出现干啰音，后出现湿啰音，较大的气管还有呼噜声（水泡音），咳嗽有时很剧烈，频繁时 1 小时可咳 3～4 次，每次 7～8 声。体温升高 0.5～1℃。呼吸每分钟可达 40～60 次，食欲减退，有的精神不振。

慢性体温无变化，咳嗽能持续数月或数年。早晚进出畜舍、饮水、采食、运动、气候骤变常引起剧烈咳嗽。病韧肺部可听到各种啰音，肺泡音强盛。当肺泡气肿时，肺泡音即减弱或消失。肺清音界后移。

【病理变化】 支气管血管舒张充满血液，黏膜发红呈局部性或弥漫性分布的斑点、条纹，也见有瘀血，病初黏膜肿胀干燥，随后渗出物先稀后稠，黏膜下水肿，有淋巴细胞和分叶细胞浸润。

【类症鉴别】

1. 支气管炎与喉炎的鉴别诊断

［**相似点**］支气管炎与喉炎体温高（40℃），有时剧烈咳嗽、干咳、痛咳，有鼻液。

［**不同点**］喉炎喉部有肿胀、热痛，捏喉部即咳。

2. 支气管炎与气管炎的鉴别诊断

［**相似点**］支气管炎与气管炎均有咳嗽，听诊有啰音等症状。

［**不同点**］气管炎手捏气管即现咳嗽反应，肺部听到的啰音在气管部也听到。

3. 支气管炎与支气管肺炎的鉴别诊断

［**相似点**］支气管炎与支气管肺炎均有体温高（40～41℃），咳嗽，有鼻液，听诊有啰音等症状。

［**不同点**］支气管肺炎的体温较高，呈弛张热，肺音稍粗，病程延长、分泌较多时叩诊有浊音区，听不到呼吸音。

4. 支气管炎与牛网尾线虫病的鉴别诊断

［**相似点**］支气管炎与牛网尾线虫病初干咳后湿咳，逐渐频繁，听诊肺有啰音，有鼻液。

［**不同点**］牛网尾线虫病贫血，消瘦，从鼻液、粪便可查出幼虫。

【防制】

1. 预防措施

注意防寒，防止感冒，避免吹冷风和淋雨，保持畜舍空气新鲜。

2. 发病后措施

本病治疗主要在于制菌消炎、减轻咳嗽。

处方 1：青霉素、链霉素各 200 万国际单位肌内注射，12 小时 1 次。氯化铵 8～12 克、盐 40～60 克、颠茄酊（每毫升 0.028～0.032 克）20～30 毫升，一次内服，12 小时 1 次。服时将人工盐与氯化铵分别调以蜂蜜舐剂，不能同时混于水中或作舐剂，避免分解产生的氨引起口腔和咽炎。

处方 2：10%磺胺嘧啶钠 100 毫升、10%安钠咖 30 毫升、10%葡萄糖 500 毫升，静脉注射，12 小时 1 次。咳必清（枸橼酸维静宁每片 25 毫克）0.5～1 克，复方甘草片 20～50 片代替氯化铵内服。

处方 3：参胶益肺散（益气敛肺、化痰止咳），党参、阿胶各 60 克，黄芪 45 克，五味子 50 克，乌梅 20 克，桑皮、款冬花、川贝、桔梗、米壳各 30 克，共研细末，开水冲服。

二十三、热射病

热射病也称为中暑，为体温调节中枢机能紊乱的急性病。本病发生急，进展迅速，处理不及时或不当，常很快死亡，应引起高度注意。

【病因】牛长时间受到阳光强烈照射或长时间处于高温、高湿和不通风的环境中而发病。

【临床症状】常突然发病，精神沉郁，步态不稳，共济运动失调，或突然倒地不能站立。目光呆滞，张口伸舌，心跳加快，呼吸频数，体温升高，可达 42～43℃，触摸体表感到烫手，第三眼睑突出。有的出现明显的神经症状，狂暴不安，或卧地抽搐，很快进入昏迷状态，呼吸高度困难，眼睑、肛门反射消失，瞳孔散大而死亡。

【类症鉴别】

1. 热射病与脑膜脑炎的鉴别诊断

［**相似点**］热射病与脑膜脑炎均有体温高（40～41℃），沉郁，瞳孔反射机能消失，共济失调等症状。

［**不同点**］脑膜脑炎任何季节都可发病，兴奋时盲目前冲，跳槽逃窜。热射病多在炎热季节发病。

2. 热射病与慢性脑室水肿的鉴别诊断

［**相似点**］热射病与慢性脑室水肿均有沉郁，站立不稳，步态蹒跚，共济失调，意识障碍，视力障碍等症状。

［**不同点**］慢性脑室水肿的体温不高，执拗笨拙，不易驾驭，有时转圈，黏膜不发绀，瞳孔时大时小，皮肤感觉迟钝，喝水时鼻入水中并有咀嚼动作。

3. 热射病与肠破裂的鉴别诊断

［**相似点**］热射病与肠破裂均有体温高（41℃，炎热季节发生），精神沉郁、呆滞，可视黏膜发绀，心跳疾速，大出汗等症状。

［**不同点**］肠破裂有疝痛，疝痛突然停止，高度沉郁，无兴奋状况出现。若直肠被阴茎戳穿如用冷水灌肠降温，则不排出。

4. 热射病与脑及脑膜充血的鉴别诊断

［**相似点**］热射病与脑及脑膜充血均有兴奋时狂暴不安，沉郁时不注意周围事物，头盖发热，可视黏膜发绀，感觉迟钝，呼吸困难，心跳增数等症状。

［**不同点**］脑及脑膜充血体温一般不高，狂暴时嘶鸣咬物，冲撞、蹴踢，无目的地前进、后退。牛哞叫。

5. 热射病与急性肺充血和肺水肿的鉴别诊断

［**相似点**］热射病与急性肺充血和肺水肿均有体温升高（40～41℃），呼吸困难，颈静脉怒张，惊恐不安，黏膜发绀等症状。

［**不同点**］急性肺充血和肺水肿肘外展，头下垂，肺充血时叩诊肺上部呈清音，下部呈浊音，听诊肺泡音微弱或粗厉。肺水肿，叩诊呈半浊音或浊音，听诊有小水泡音或捻发音。

【防制】

1. 预防措施

炎热季节长途运输牛时，车上应装置遮阳棚，途中间隔一定时间应停车休息一下，并给牛群清凉饮水。进入炎热季节，牛舍的湿度大，应加强牛舍的通风管理，尤其是午后和闷热的黄昏，更应注意牛舍的通风。

2. 发病后措施

处方 1：①静脉放血 500～1000 毫升，以降低颅内压。②以清凉的自来水喷洒头部及全身，以促使散热和降温。③林格尔液 2500～3500 毫升、10% 樟脑磺酸钠注射液 20～30 毫升，凉水中冷浴后，立即静脉注射，1～3 次/天。④维生素 C 粉 150 克，加入 1000 千克清凉饮水中，全群混饮，连用 5～7 天。

处方 2：①以清凉的自来水喷洒头部及全身，以促使散热和降温。②5% 维生素 C 注射液 10～20 毫升/次、葡萄糖生理盐水注射液 2500～3500 毫升、10% 樟脑磺酸钠注射液 20～30 毫升，腹腔注射，1～3 次/天。③十滴水 3～5 毫升/头，加入清凉的饮水中，全群混饮，连用 1～2 天。

附录　牛的生理生化指标

附表 1 为牛的几种生理常数，附表 2 为牛的几种血液生化指标。

附表 1　牛的几种生理常数

类别	脉搏/(次/分钟)	呼吸/(次/分钟)	体温/℃	每天反刍次数	反刍持续时间/分钟	每食团咀嚼次数	每分钟瘤胃蠕动次数	每小时吸气次数	每天排粪量/千克
黄牛	50～80	10～30	37.5～39.5	4～8	40～50	40～60	2～3	17～20	15～40
奶牛	60～80	15～50							

附表 2　牛的几种血液生化指标

红细胞/(百万个/毫米³)	白细胞/(个/毫米³)	血红蛋白/(克/100 毫升)	血糖/(毫克/100 毫升)	血钙/(毫克/100 毫升)
6(5～7)	7000～8000	9～14	60～90	10.5～12.5

血磷/(毫克/100 毫升)	血钾/(毫克/100 毫升)	血钠/(毫克/100 毫升)	血镁/(毫克/100 毫升)
3.2～8.4	20	330	4.2～4.6

参考文献

[1] 常新耀主编. 规模化牛场兽医手册. 北京：化学工业出版社，2014.
[2] 中国兽药典委员会. 兽药手册. 北京：中国农业出版社，2011.
[3] 赵兴绪等主编. 畜禽疾病处方指南. 第2版. 北京：金盾出版社，2011.
[4] 金笑梅主编. 兽医手册. 修订版. 上海：上海科技出版社，2010.
[5] 王传福，董希德主编. 兽药手册. 北京：中国农业出版社，2011.
[6] 曹玉风等主编. 肉牛标准化养殖技术. 北京：中国农业大学出版社，2004.
[7] 董彝主编. 实用牛马病临床类症鉴别. 北京：中国农业出版社，2011.